职业教育数字媒体应用人才培养系列教材

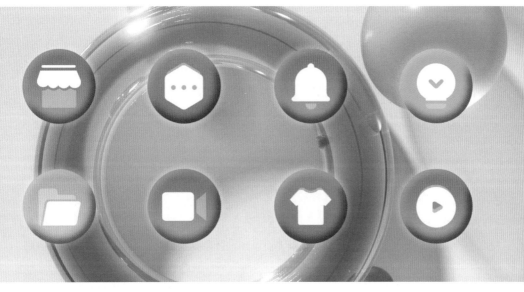

UI设计
项目化实战教程

微课版

陈彦 王雨捷 高金宝 主编 / 耿琳 李招康 王文涛 副主编

人民邮电出版社

北 京

图书在版编目（CIP）数据

UI设计项目化实战教程：微课版 / 陈彦，王雨捷，高金宝主编. -- 北京：人民邮电出版社，2023.6

职业教育数字媒体应用人才培养系列教材

ISBN 978-7-115-60605-1

Ⅰ．①U… Ⅱ．①陈… ②王… ③高… Ⅲ．①移动终端－应用程序－程序设计－职业教育－教材 Ⅳ．①TN929.53

中国版本图书馆CIP数据核字(2022)第231270号

内 容 提 要

　　本书基于 UI 设计师的岗位技能，聚焦 UI 设计工作流程，围绕"伴游"App 和"博学苑"App 的 UI 设计展开讲解，集图标设计、主界面设计、登录界面设计、引导页界面设计、搜索产品列表页界面设计、详情页界面设计、个人中心页界面设计为一体，再现项目功能需求确定、原型图绘制、视觉规范设计、页面效果图制作、标注及切图等环节的设计思路和工作流程，使学生对 UI 设计师这一岗位及 UI 设计行业的环境有一个清晰的认识。

　　本书可作为高等职业院校数字媒体及相关专业 UI 设计课程的教材，也可作为对 UI 设计感兴趣的读者的参考书。

　◆ 主　　编　陈　彦　王雨捷　高金宝

　　副 主 编　耿　琳　李招康　王文涛

　　责任编辑　王亚娜

　　责任印制　王　郁　焦志炜

　◆ 人民邮电出版社出版发行　　北京市丰台区成寿寺路 11 号

　　邮编　100164　电子邮件　315@ptpress.com.cn

　　网址　https://www.ptpress.com.cn

　　北京瑞禾彩色印刷有限公司印刷

　◆ 开本：787×1092　1/16

　　印张：11.75　　　　　　　　　　2023 年 6 月第 1 版

　　字数：234 千字　　　　　　　　2023 年 6 月北京第 1 次印刷

定价：69.80 元

读者服务热线：(010)81055256　印装质量热线：(010)81055316

反盗版热线：(010)81055315

广告经营许可证：京东市监广登字 20170147 号

PREFACE —————————————————————— 前 言

本书深入贯彻党的二十大精神，注重新时代项目案例的应用，结合"伴游"国内旅游App项目案例和"博学苑"国学教育App项目案例，让二十大精神与实际的教学内容有机结合，推进文化自信自强，引导大学生努力成长为有理想、敢担当、能吃苦、肯奋斗的时代新人，把理想追求融入党和国家事业，自觉服务"国之大者"，积极投身全面建设社会主义现代化国家的伟大实践。

随着移动设备的快速发展，各类App层出不穷，UI设计技术也得以发展和成熟。本书以移动端、PC端的UI设计为主线，结合行业设计规范，采用项目式教学，帮助学生更好地体会设计理念，熟悉设计流程，掌握设计方法和技巧。

本书共9个项目，根据真实的UI设计流程将所需知识进行拆解，各项目目标明确，使学生对UI设计全貌有一个清晰的认识。各项目具体内容如下。

项目1为认识UI设计，主要介绍UI设计的基本概念、UI设计行业的发展趋势等。

项目2为设计"伴游"App图标，结合旅游类App的设计风格，对"伴游"App的图标进行设计与制作。

项目3为设计"伴游"App主界面和登录界面，根据交互设计师交付的原型图，进行"伴游"App主界面、登录界面的规范化设计。

项目4为设计"伴游"App引导页界面，以插画的形式对"伴游"App引导页界面进行设计与制作。

项目5为设计"伴游"App搜索列表页和详情页界面，通过图文讲解的方式介绍"伴游"App版式设计的方法和技巧。

项目6为设计"伴游"App个人中心页界面，带领学生对产品进行构思设计，并对功能模块进行色彩搭配及版式设计。

项目7为设计"伴游"网页端首页界面，主要讲解网页端设计规范，介绍几种常见产品框架的设计方法。

项目8为设计"伴游"网页端搜索列表页和详情页界面，依托原型图制作页面信息，深度介绍网页端界面设计规范。

项目9为设计"伴游"网页端个人中心订单页和下载页界面，通过对原型图的分析来制作页面信息，重在对页面中的菜单内容进行规范化设计。

本书语言通俗易懂，案例讲解透彻，并配有微课视频、PPT课件、教学大纲、习题答案、项目源文件等教学资源。

本书由陈彦、王雨捷和高金宝任主编，耿琳、李招康和王文涛任副主编，参与本书编写的还有魏云素、王颜羽、岳增超、段辛伟和翟晓晖。由于编者水平有限，书中难免存在不足之处，敬请读者提出宝贵意见，以便本书不断完善。

编者

2023年2月

CONTENTS ——————————— 目 录

  首页  攻 略  公开课

CONTENTS ———————————————— 目 录

CONTENTS 目录

01

项目1
认识UI设计

▶ **知识目标**
- 了解UI设计的概念
- 了解UI设计师的技能要求
- 了解UI设计的发展趋势

▶ **能力目标**
- 能够借助网络了解UI设计行业的现状
- 掌握UI设计常用软件的使用方法

素养目标
- 培养学生的信息采集能力
- 培养学生的对UI设计的兴趣
- 树立学生的正确的就业观

1.1.1 UI设计的概念

UI（User Interface）即用户界面，人们通常把图形用户界面（Graphic User Interface，GUI）也称为UI。从传统意义上来说，UI设计是指对用户界面所进行的美化设计，但目前的UI设计还包括人机交互设计和用户体验设计。因此，现阶段的UI设计是指对程序的人机交互、操作逻辑、用户界面所进行的整体设计。

在进行UI设计前要先明确手机、平板电脑、计算机等设备的特性，明确不同系统的设计规范。即使是同一个程序，当其应用到不同系统、不同设备时，也应该进行相应的调整，以增强界面的适用性。同时，应尽量减少用户访问信息时所需执行的操作，提高程序的易用性，从而增强用户对程序的信任和好感。

作为UI设计师，并不是单纯地从事界面美化工作，还需要准确定位程序的受众人群，区分使用方式、使用环境等。目前，手机、游戏机、智能家电等产品生产都涉及UI设计，UI设计工作越来越受到重视。

下面介绍几个UI设计中的常见概念。

1. App

App（Application）即应用程序，一般指安装在智能手机等移动设备上的第三方应用程序。

应用程序的运行与操作系统密不可分，目前主流的手机系统有iOS、Android等。

2. ID

ID（Interaction Design）即交互设计，其主要对象是人机界面。交互是指人和机器互动的过程。交互设计师在界面设计环节主要关注的是一些体验层面的问题，如按钮的大小、用户对交互的反馈等。在此环节中，交互设计师还会和UI设计师一起调整和优化界面的最终效果。

3. UE/UX

UE/UX（User Experience）即用户体验，指用户在整个服务过程中的心理感受，包含用户与环境或系统进行交互的各环节，是用户在使用产品的过程中产生的一种主观感受。

随着计算机技术和互联网的发展，技术创新形态发生转变，现在的产品设计都秉持"以用户为中心"的设计理念，UE/UX设计通常在产品开发初期就已经开始，并贯穿项目设计的全流程。图1-1所示为UE/UX设计的重点关注问题。对一个界定明确的用户群体来讲，用户体验的共性是能够通过持续的设计实验总结出来的。

图1-1

1.1.2 UI设计分类

根据应用的终端设备，UI设计可大致分为3类：移动端UI设计、PC（Personal Computer，个人计算机）端UI设计、其他终端UI设计。

1. 移动端UI设计

移动端一般指移动互联网终端，也就是通过无线技术接入互联网的终端设备，其主要功能就是移动上网。终端多样化已成为移动互联网发展的一个重要趋势，除了手机，移动端还包括iPad、智能手表等，因此移动端UI设计也多种多样，如图1-2所示。

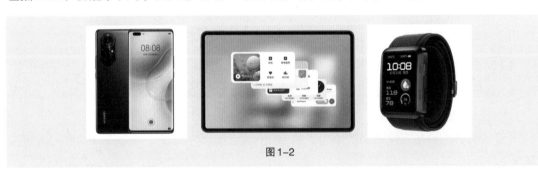

图1-2

2. PC端UI设计

PC端UI设计主要指用户计算机界面设计，其中包括系统界面设计、软件界面设计、网站界面设计等，如图1-3所示。

图1-3

3. 其他终端UI设计

除了移动端和PC端的终端设备需要进行UI设计，当今市场中还有许多其他终端设备需要进行UI设计，例如智能电视、车载系统、ATM等，如图1-4所示。

图1-4

1.1.3 UI设计师简介

从事UI设计工作的人被称为UI设计师。

1. UI设计师的主要工作

（1）搜集和分析用户对UI设计的需求。

（2）根据程序的用户群，提出具有针对性的创意设计方案。

（3）进行程序界面的美术设计和制作。

（4）对界面进行优化，使用户操作更简单、便捷。

（5）维护现有的产品并根据用户反馈进行产品的更新、升级。

2. UI设计师的必备能力

UI设计师必须具备手绘草图的能力、熟练操作绘图软件的能力、理解需求文档及整理文档的能力。

（1）手绘草图的能力

手绘草图的能力从某种程度上能反映出UI设计师的美术功底，同时对UI设计师未来的发展也有一定程度的影响。

（2）熟练操作绘图软件的能力

UI设计师常用的绘图软件是Photoshop和Illustrator，必须掌握的核心知识和操作方法如下。

● 位图、像素与分辨率等概念，图像格式、颜色模式、透视与光影效果及其他基本设置。

● 在Photoshop中使用钢笔工具进行路径绘制、选区创建、曲线调整的方法。

- Photoshop中常用滤镜、图层混合模式的运用方法。

- Photoshop中快速蒙版、剪贴蒙版、图层蒙版和矢量蒙版的运用方法。

- 在Photoshop中运用通道与处理颜色的方法。

- Photoshop中的多种抠图方法。

- Photoshop与Illustrator协同工作的方法。

- Illustrator中矢量图形、路径、网格的高级用法。

（3）理解需求文档及整理文档的能力

UI设计师应该能够快速看懂产品需求文档，养成良好的图层和源文件命名习惯，懂得系统和平台的UI设计规范，掌握输出格式正确的文件和切片文件的技巧。

3. UI设计师的综合能力

一名优秀的UI设计师不仅需要具备扎实的专业技能，还需要具备其他综合能力，这样才会有更大的发展空间。良好的综合能力主要包括以下3个要点。

（1）开阔的眼界

优秀的UI设计师需要在日常工作、生活中有意识地学习跨领域的知识，积累设计素材与灵感，并紧跟技术发展趋势，不断提升自己的技能。

（2）良好的沟通、理解能力

优秀的UI设计师应掌握与项目成员及客户沟通的能力，能理解客户的需求，并能清晰地表达自己的设计理念。

（3）创新能力

优秀的UI设计师不应该墨守成规，而应该勇于创新，将所学知识融会贯通，开拓新思路。

1.1.4 UI设计的发展趋势

目前，移动端互联网已广泛应用于人们的生活、工作、学习，例如购物使用金融程序支付，旅行使用地图程序，学习使用在线课程平台等。UI设计的行业前景越来越广阔，行业对UI设计师的要求也越来越高，只有那些不断自我提升的UI设计师才能成为行业中的中流砥柱。

UI设计的发展有以下3个趋势。

1. 追求简约主义

UI设计行业发展之初，一些设计师喜欢将各种想法都融入设计，认为复杂的效果更受欢迎。现在，越来越多的UI设计师在进行UI设计时追求简约主义，摒弃了额外的修饰和烦琐的功能，只通过简洁的界面传递多元功能，用户执行简单的操作就能使用程序。这也是UI设计的主要发展趋势。

2. 结合品牌精神

结合品牌精神简单来说就是通过对产品特色的把控，让设计独一无二，通过设计赋予产品新的活力，提高品牌效益。

3. 创造 4D 世界

在 UI 设计发展的过程中，人们慢慢意识到数字和现实世界之间的落差，"将现实生活照搬进界面"的想法并不实现，因此 UI 设计发展的侧重点是打造 4D 世界，使用户感受更多的维度。

1.1.5　UI设计基础

UI 设计师需要同时具备跨学科、综合性的理论素养和实践操作能力。下面介绍 UI 设计的基础知识和常用的设计软件，并在此基础上介绍一些 UI 设计学习平台，帮助大家为今后的深入学习打好基础。

1. UI设计基础知识

（1）色彩属性

在 App 界面设计中，色彩元素起着非常重要的作用，它可以帮助用户理解 App 内容，引导用户与 App 进行互动，因此色彩搭配能力对于 UI 设计师而言是必备能力。每个产品在设计初期都有相应的配色设计方案。在运用色彩前，必须了解色彩的属性。

① 色相

色相指色彩的"相貌"，在可见光谱中，人眼能够感受到红、橙、黄、绿、青、蓝、紫等具有不同波长的色光。图 1-5 所示为常见色相环。

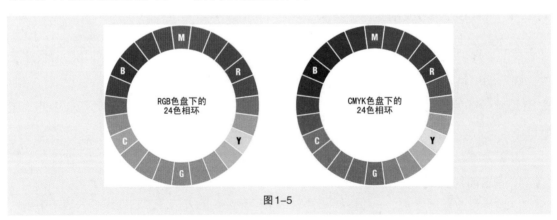

图1-5

② 明度

明度指色彩光亮的程度。在无彩色中，明度最高的是白色，明度处于中间的是灰色，明度最低的是黑色，如图1-6所示。

图1-6

③ 纯度

纯度指色彩的饱和程度或色彩的纯净程度，也可以指色彩的鲜艳程度，如图1-7所示。原色的纯度最高，与其他色彩混合后，原色的纯度会降低。

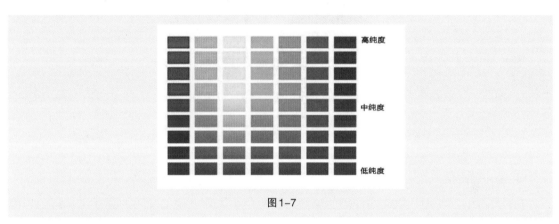

图1-7

（2）基础配色

① 单色配色

单色配色指选取单一的色彩，通过在其中加入白色或黑色改变该色彩的明度，从而进行配色的方案。单色是单一色系的搭配，它在色彩的深浅、明暗或纯度上进行调整，从而形成明暗层次关系。

对初学者来说，单色是最容易创建的配色方案，单色的色彩可以很好地结合在一起，产生协调的效果。图1-8所示为单色配色的示例效果。

图1-8

② 类似色配色

类似色就是相近色。在色环上相距90°角内的色彩统称为类似色，例如红色和橙色是类似色，橙色和黄色是类似色，绿色和蓝色是类似色，蓝色和紫色是类似色。

类似色配色指选取相互不冲突的多种色彩，以一种作为主色，其余作为辅色的较容易实现的配色方案。图1-9所示为类似色配色的示例效果。

图1-9

③ 互补色配色

在色环中，成180°角的两种颜色被称为互补色，例如红色与绿色为互补色，蓝色与橙色为互补色。在光学中，两种色光以适当的比例混合即能产生白色的感觉时，就称这两种颜色为互补色。例如，黄色是蓝紫色的互补色。

在使用互补色配色方案时，一种颜色的面积大于另一种颜色的面积，可以增强画面的对比效果，使画面更醒目。图1-10所示为互补色配色的示例效果。

图1-10

④ 无彩色配色

无彩色指黑色和白色，以及由黑、白两种颜色混合而成的各种深浅不同的灰色。其中黑色和白色是单一的色彩，而由黑色、白色混合而成的灰色有着深浅上的不同。无彩色只有一种基本属性——明度。图1-11所示为无彩色配色的示例效果。

图1-11

⑤ 自定义配色

自定义配色的第一步是选择一个主色，建议选择一个明亮、柔和的基色或间色（见图1-12）作为主色，这样的选择更安全，后续的可搭配性也更强。

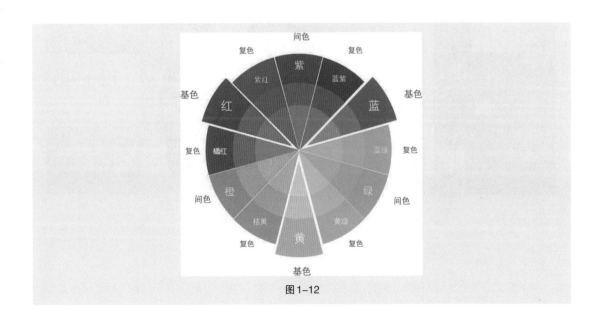

图1-12

（3）配色原则

UI设计中的配色原则主要有以下4个。

① 整体色调要协调、统一。配色时应首先确定主色，辅色应以主色为基础进行搭配。

② 要有重点色。重点色应应用于界面中重要元素对应的小面积零散色块上，使之成为界面中的焦点。

③ 注意色彩平衡。配色时应注意色彩的强弱、轻重和浓淡的关系。类似色搭配方案往往能够较好地实现平衡性和协调性；高明度的色彩可以提升画面的空间感和活跃感，低明度的色彩则会更多地强化稳重、低调的感觉。

④ 注意对立色的调和。当包含两个或两个以上的对立色时，画面的整体色调就会失衡，这时就需要对对立色进行调和。

（4）设计规范

UI设计规范用于保证设计风格的一致，从而减少设计师之间进行沟通的成本，以及设计师与前端工程师或运营人员的沟通成本。建立合适的UI设计规范，对提升用户体验也有很大帮助。由于App适用的操作系统不同，各自的设计规范也不同。

UI设计对文字、色彩、阴影、圆角、布局、栅格、图标、文案和组件等方面都有详细的设计规范，设计师在设计时并不一定要严格遵守这些规范，但对这些规范应有所了解。后面将结合项目详细介绍对应的UI设计规范。图1-13所示为依据一定设计规范设计的UI作品。

图1-13

（5）视觉原理

大多数人的阅读习惯是从上到下，从左到右。用户往往会对界面右侧的内容降低关注，因此UI设计师应该把内容栏放在用户注意力高度集中的左侧。按照视觉原理，还可以得出以下结论。

① 品牌标志和导航栏应该放在界面的顶部，加深用户对界面的第一印象。

② 在内容结构中，图片更容易获得关注，用户浏览完图片后，下一个关注点便是标题。

③ 用户会大致浏览文本，但是往往不会通读。

2. UI设计常用软件

工欲善其事，必先利其器。在学习UI设计前应学习Photoshop、Illustrator、Axure RP、蓝湖、MasterGo等常用软件，并能在实际工作中将各种软件协同使用。

（1）Photoshop

Photoshop是一款专业的图形图像处理软件，在UI设计中，可以使用Photoshop设计各种界面效果图和图标等。图1-14所示为Photoshop的启动界面。

图1-14

（2）Illustrator

Illustrator是一款矢量图处理软件，广泛应用于印刷出版、专业插画、多媒体图像处理等领域。在UI设计中，可以使用Illustrator进行图标设计、字体设计、插画设计等。图1-15所示为Illustrator的启动界面。

（3）Axure RP

Axure RP是一款专业的快速原型设计软件，在UI设计中，可以使用Axure RP绘制原型图。本书涉及的原型图大多是使用Axure RP绘制的，Axure RP的操作界面如图1-16所示。

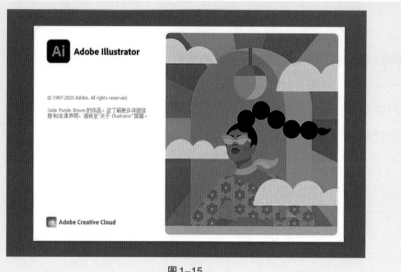

图 1-15

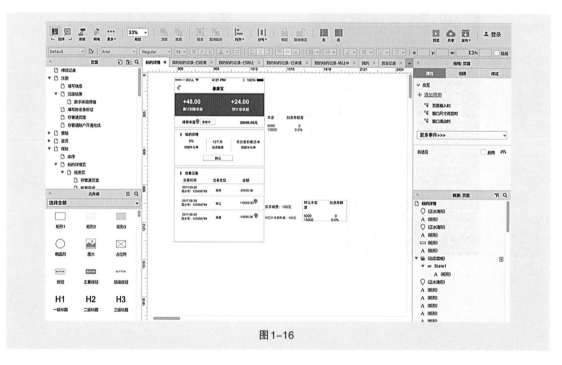

图 1-16

此外，在 UI 设计中，MockingBot（墨刀）也会被经常用到，它是一款在线原型设计工具，可作为 Axure RP 的有益补充。

需要说明的是，UI 是由很多个界面组成的，在制作时，需要先制作原型，再根据原型制作界面。原型只需搭建一个基础的版式，不需要处理颜色、图标等细节。

（4）蓝湖

蓝湖是一个产品文档和设计图的共享平台，用于帮助互联网团队更好地管理文档和设计图，其启动界面如图1-17所示。在UI设计中，可以使用蓝湖进行标注设计。

图1-17

（5）MasterGo

MasterGo集成了云端实时同步、多人同时编辑、随时在线评审、设计图一键交付等功能，为设计师、产品经理和工程师提供高性能、高效率且易上手的界面设计工具和协同平台，可以帮助设计师提高设计和交付效率，帮助团队提升协作和产出能效。其启动界面如图1-18所示。

图1-18

3. UI设计学习平台

下面介绍一些UI设计学习与交流平台，其中有很多学习资料和优秀范例。

（1）站酷

站酷是一个互动平台，它聚集了众多设计师、摄影师、插画师、艺术家、创意人，其中的一些设计活动在创意设计群体中具有一定的影响力与号召力。图1-19所示是站酷主页。

图1-19

（2）学UI网

学UI网是包含众多UI设计素材的网站，提供学习、下载等服务，可以帮助用户提升设计水平。图1-20所示是学UI网主页。

图1-20

（3）优设网

优设网是为设计师服务的网页设计学习平台。优设网提供丰富的网页设计学习资源和设计资讯、详细的Photoshop教程和设计素材等。图1-21所示是优设网主页。

图1-21

（4）UI中国

UI中国是UI设计师一站式服务平台，提供学习、展示、用户体验等服务。图1-22所示是UI中国主页。

图1-22

（5）虎课网

虎课网是一个自学类教育平台，包含软件操作、摄影技术、海报字体设计、UI设计、室内设计、影视动画设计、插画设计等内容，为用户打造了从理论到实践的全方位自学模式。图1-23所示是虎课网主页。

图 1-23

1.2 项目小结

　　本项目介绍了 UI 设计的相关概念，使读者对 UI 设计有初步的认识，对 UI 设计的发展趋势有大体的了解，为后续的学习奠定良好的基础。学习 UI 设计除了要掌握基本的设计理论和软件操作技巧，还需要具备一些综合能力，例如沟通能力、协调能力、表达能力、创意能力、审美能力、团队合作能力等。

　　课后大家可以登录 UI 设计学习平台，浏览各平台和传统文化相关的优秀设计作品。

1.3 课后思考

　　（1）什么是 UI?

　　（2）UI 设计常用的软件有哪些?

02

项目 2

设计"伴游"App 图标

▶ **知识目标**

- 了解图标的概念
- 了解图标的设计规范
- 了解图标的风格类型
- 了解图标网格

▶ **能力目标**

- 能够区分不同风格类型的图标
- 能够设计出符合设计规范的应用图标
- 掌握渐变色的制作技巧

素养目标

- 培养学生独立解决问题的能力
- 培养学生的规范化意识
- 提高学生的审美能力

2.1 任务导入

在App产品的开发过程中,图标设计是UI设计中的重要环节。图标具有信息高度浓缩的特点,一套高质量的图标在很大程度上会提升产品的品牌形象及用户的体验效果。本项目依托"伴游"App产品开发项目,对App界面中的图标进行设计与制作。在介绍图标制作规范的基础上,重点阐述UI设计中常见图标的制作方法与表现技巧,同时讲解在相关软件中的核心操作,为读者能够独立完成整个项目的设计奠定基础。

本项目主要完成"伴游"App移动端图标设计,包括应用图标设计和功能图标设计,设计效果图如图2-1所示。在设计时可结合具有现代感的线性、渐变等设计风格,应用布尔运算中的加减初级运算、叠加排除运算、混合运算等来实现。

图2-1

2.2 相关知识

2.2.1 图标的概念

图标(Icon)是具有明确指代含义的图形,它通过抽象化的视觉符号向用户传递某种信息。在App中,图标通常分为应用图标和功能图标两种。

应用图标也就是我们在手机主屏幕上看到的图标,或是在App Store下载界面中看到的图标,点击它即可进入App。iPhone主屏幕中的应用图标如图2-2所示。

图2-2

功能图标通常存在于App界面中,具有表意功能,起代替文字或辅助说明文字的作用,例如搜索栏内的放大镜图形,即使不展示文字信息,用户也能知道它代表搜索功能。微信主界面中的功能图标如图2-3所示。

微信　　　通讯录　　　发现　　　我

图2-3

2.2.2　图标的设计规范

图标的设计规范主要是根据App所在的iOS或Android系统的设计规范而制订的。下面介绍这两个系统中应用图标的尺寸及单位。

（1）iOS中应用图标的尺寸及单位

在iOS中，应用图标的单位是px和pt。px（Pixel）即像素，表示电子屏幕上组成一幅画或照片的最基本的单元；pt（Point）即磅，是印刷行业中常用的长度单位，1pt等于1/72英寸（1英寸≈0.0254米）。

图标的设计尺寸可以采用1024px×1024px，正确的图标设计稿是直角矩形样式的，但iOS会自动应用圆角遮罩将图标的4个角遮住。

应用图标会以不同的分辨率出现在主屏幕、App Store、Spotlight及设置界面中，其尺寸也会根据不同设备的分辨率进行适配，如表2-1所示。

表2-1

设备名称	应用图标	App Store图标	Spotlight图标	设置图标
iPhone X、8 Plus、7 Plus、6s Plus、6s	180px × 180px	1024px × 1024px	120px × 120px	87px × 87px
iPhone X、8、7、6s、6、SE、5s、5c、5、4s、4	120px × 120px	1024px × 1024px	80px × 80px	58px × 58px
iPhone 1、3G、3GS	57px × 57px	1024px × 1024px	29px × 29px	29px × 29px
iPad Pro 12.9、10.5	167px × 167px	1024px × 1024px	80px × 80px	58px × 58px
iPad Air 1 & 2、mini 2 & 4、3 & 4	152px × 152px	1024px × 1024px	80px × 80px	58px×58px
iPad 1、2、mini 1	76px × 76px	1024px × 1024px	40px × 40px	29px × 29px

（2）Android系统中应用图标的尺寸及单位

在Android系统中，应用图标的单位是dp。根据不同的屏幕分辨率，dp与px有不同的对应关系，如表2-2所示。

表2-2

单位和度量

名称	分辨率	dpi	像素比	示例 dp 值	对应px值
xxxhdpi	2160px × 3840px	640	4.0	48dp	192px
xxhdpi	1080px × 1920px	480	3.0	48dp	144px
xhdpi	720px × 1280px	320	2.0	48dp	96px
hdpi	480px × 800px	240	1.5	48dp	72px
mdpi	320px × 480px	160	1.0	48dp	48px

2.2.3　图标的风格类型

图标是一种重要的可视化语言，在UI设计中起着不可替代的作用。从风格表现角度来讲，图标通常可以分为像素风格、扁平化风格、拟物化风格及微拟物化风格3种类型。

1. 像素风格

像素风格图标属于点阵图，本质是由多个像素点组合而成的位图。像素风格图标来源于传统功能机的UI风格，会带给用户怀旧、复古的氛围体验，在早期的计算机界面、游戏画面中经常使用。如今，像素风格图标又被赋予了新的生机，很多企业针对产品开发了像素风格图标，如图2-4所示。

图2-4

20

UI设计项目化实战教程（微课版）

2. 扁平化风格

扁平化风格图标简洁美观，功能突出，通常又分为线性图标、面性图标和线面结合图标。

（1）线性图标

线性图标也叫负形图标或线框图标。随着在iOS 7中的功能图标采用2px宽的设计，扁平化风格成为流行趋势，线性图标也迎来了它的黄金时期。当前大部分的App图标都是线性图标，它以纤细的线条描绘形状的轮廓，通常出现在标签栏、工具栏、列表等弱化视觉重点的地方，如图2-5所示。

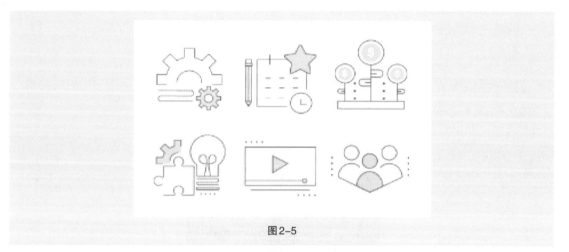

图2-5

（2）面性图标

面性图标也叫正形图标，是常见的也是较基础的图标类型。在iOS 11系统中的功能图标采用的就是面性图标。面性图标是平面的图形结构，因此它具有强烈的视觉表现力，适合用于App界面的主要功能入口，如图2-6所示。

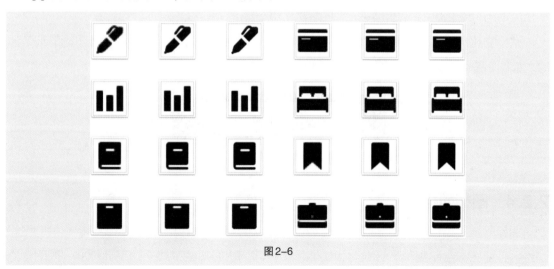

图2-6

（3）线面结合图标

线面结合图标是线性图标与面性图标两者结合，由线框描绘轮廓，再填充平面背景。线面结合图标的设计风格独特，适合用于App界面的主要功能入口或情感化设计场景，如图2-7所示。

图2-7

3. 拟物化风格及微拟物化风格

拟物化风格图标对于现实的还原度较高，基本上使用生活中原有的物象来反映产品的功能，同时图标的内部加入更多的写实细节，如色彩、3D效果、阴影、透视效果，甚至一些简单的物理效果，使图标功能一目了然，大大提高其辨识程度。

但是这类图标在功能表现上不如扁平化风格图标直接。拟物化图标常用于工具类及游戏类应用，如图2-8所示。

图2-8

由于拟物化风格图标设计精致，制作成本较高，不利于UI界面快速更新换代的时代需求，也不利于整体项目的推进，因此出现了拟物化风格图标的扁平化。之后，设计师又将扁平化风格与拟物化风格结合，转变到微拟物化风格。

微拟物化风格图标既具有扁平化风格图标的易识别性，又具有拟物化风格图标的细节质感，如图2-9所示，应用在App中可以增加用户的交互体验。

图2-9

2.2.4 图标网格

图标网格将图标的绘制区域划分为若干个等大的网格，并建立了关键线形状、绘制区和禁绘区，让图标绘制更科学、准确和快速。图标网格已经形成了统一的设计标准，同时建立了一套明确的图形元素定位规则，它能有效地帮助设计师快捷完成构图与布局。设计师在绘制图标时应随时使用图标网格作为绘制依据。使用图标网格的系统图标如图2-10所示。

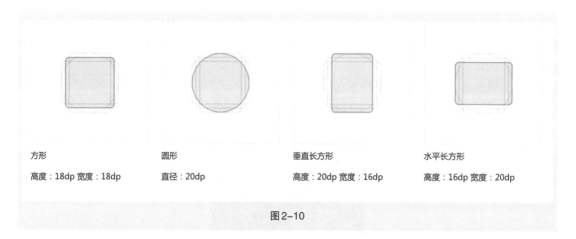

方形	圆形	垂直长方形	水平长方形
高度：18dp 宽度：18dp	直径：20dp	高度：20dp 宽度：16dp	高度：16dp 宽度：20dp

图2-10

2.3 任务实施

UI中的图标一般使用Illustrator或Photoshop进行制作。

2.3.1 思路解析

此处制作的"伴游"App图标主要包括应用图标、面性"首页"图标和渐变"攻略"图标。其中应用图标是两个气球形状的对话框图案，表明交流与沟通的重要性，也是该App的突出特点；面性"首页"图标是一个小房子图案，用于返回首页，意义明确，便于用户理解；渐变"攻略"图标是一个手帐形象的图案，表明信息的汇集，简单且易于识别。3个图标都选用鲜亮的颜色，给用户带来愉悦的心情。"伴游"App的应用图标制作运用了布尔运算。布尔运算是数字符号化的逻辑运算方法，包括联合、相交、相减等运算方式。在图形处理操作中使用布尔运算可以将简单的基本图形组合成新的图形，还可以将二维图形处理为三维图形。

2.3.2 应用图标的设计与制作

App Store中图标的尺寸为1024px×1024px，这意味着设计师有很大的发挥空间，可以描绘许多细节。而在手机主屏幕中，图标的尺寸为120px×120px，当大图缩放成小图时，一些细节就会丢失，画面会变得模糊。这时就需要设计师对小尺寸图标进行细微的调整，去除不必要的装饰元素，以确保应用图标在小分辨率场合中也能保持较高的辨识度。做完这一切，还必须在移动设备上测试设计效果。如果图标是在Photoshop中设计的，那么可以使用Ps Play连接Photoshop，将图标投屏到手机上进行测试。

实现过程如下。

（1）打开Photoshop，执行菜单栏中的"文件"|"新建"命令，新建一

微课

应用图标的设计与制作1

微课

应用图标的设计与制作2

个空白画布。设置画布的"宽度"为 1024 像素，"高度"为 1024像素，"分辨率"为 72 像素/英寸，"颜色模式"为 RGB 颜色，如图 2-11 所示。

图 2-11

（2）选择工具箱中的"圆角矩形工具"，设置"填充"为绿色（R=132，G=234，B=33），"描边"为无，宽度"为 1024 像素，"高度"为 1024 像素，圆角"半径"为 180 像素，如图 2-12 所示。在画布中绘制一个圆角矩形，生成名为"圆角矩形 1"的图层，如图 2-13 所示。绘制的圆角矩形如图 2-14 所示。

图 2-12

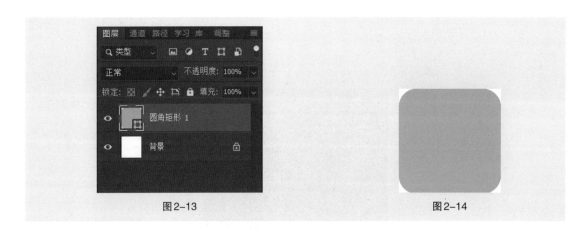

图2-13

图2-14

（3）选择工具箱中的"椭圆工具" ◯，设置"填充"为蓝色（R=0，G=126，B=255），"描边"为无，"宽度"为 500 像素，"高度"为 500 像素，如图 2-15 所示。在画布中绘制一个圆形，生成名为"椭圆 1"的图层，如图 2-16 所示。绘制的圆形如图 2-17 所示。

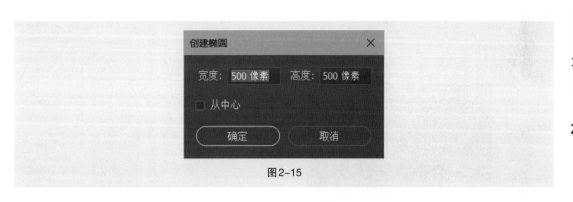

图2-15

图2-16

图2-17

（4）选择工具箱中的"多边形工具" ◯，设置"填充"为蓝色（R=0，G=126，B=255），"描边"为无，"宽度"为 104 像素，"高度"为 102 像素，如图 2-18 所示。在画布中绘制一个三角形，生成名为"多边形 1"的图层，如图2-19所示。绘制的三角形如图2-20所示。

图2-18

图2-19

图2-20

（5）选择工具箱中的"移动工具" ，选中三角形，按Ctrl+T组合键对其执行"自由变换"命令，在工具属性栏中设置角度为90°，如图2-21所示。完成之后按 Enter 键确认，自由变换后的三角形如图2-22所示。

图2-21

图2-22

（6）选择工具箱中的"移动工具" ，同时选中三角形和圆形，将它们居中对齐，如图2-23所示。

图2-23

（7）单击鼠标右键，从弹出的快捷菜单中选择"合并形状"命令（见图2-24）或按Ctrl+E组合键，合并三角形和圆形。

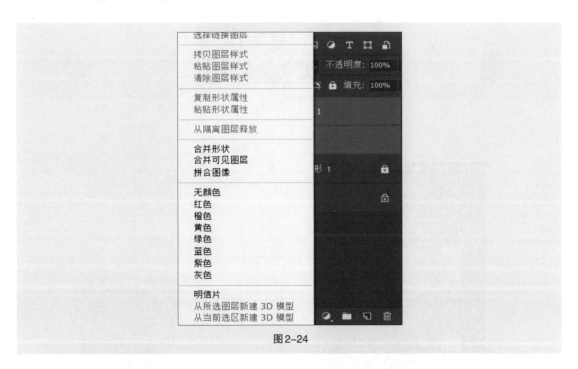

图2-24

（8）选择工具箱中的"路径选择工具" ，同时选中三角形和圆形，在工具属性栏中执行"合并形状组件"命令，如图2-25所示。最终的图形效果如图2-26所示。

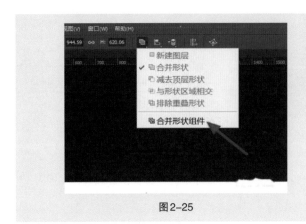

图2-25

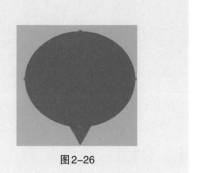

图2-26

（9）绘制气球高光。

① 选择工具箱中的"椭圆工具" ，设置"填充"为无，"描边"尺寸为20像素，颜色为白色（R=245，G=245，B=247），"宽度"为 500 像素，"高度"为 500 像素，如图2-27所示。在画布中绘制一个圆形，将对应图层命名为"椭圆 1"，如图2-28所示。绘制的圆形如图2-29所示。

图2-27

图2-28

图2-29

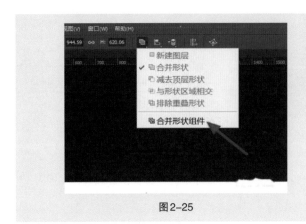

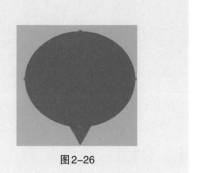

② 选择工具箱中的"钢笔工具—添加锚点工具" ，在圆形上添加两个锚点，如图2-30所示。

图2-30

③ 选择工具箱中的"直接选择工具" ，选中其他锚点后按Delete键将它们删除，如图2-31所示。设置描边选项，将描边的端点改为圆角，如图2-32所示。最终效果如图2-33所示。

图2-31

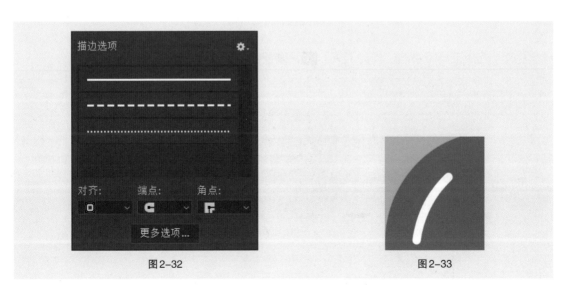

图2-32

图2-33

（10）选择工具箱中的"椭圆工具" ，设置"填充"为灰色（R=245，G=245，

B=247），"描边"为无，"宽度"为 43 像素，"高度"为 43 像素，如图 2-34 所示。在画布中绘制一个圆形，如图 2-35 所示。将对应图层命名为"椭圆 2"，如图 2-36 所示。

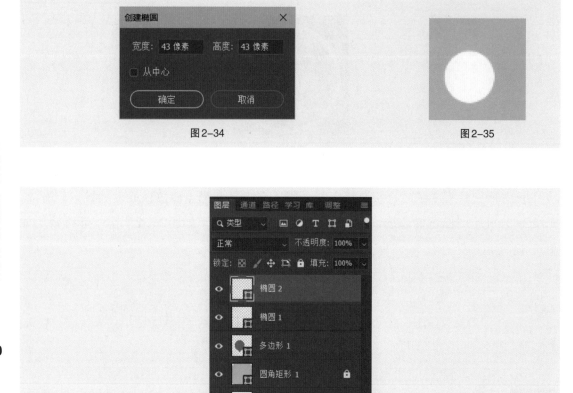

图 2-34　　　　　　　　　　　　　　　　　　图 2-35

图 2-36

（11）选择工具箱中的"移动工具" ✛，调整图形，效果如图 2-37 所示。

图 2-37

（12）选中"椭圆 1""椭圆 2""多边形 1"这 3 个图层，按住 Alt 键并拖曳鼠标即可复制这些图形，效果如图 2-38 所示，对应的图层效果如图 2-39 所示。

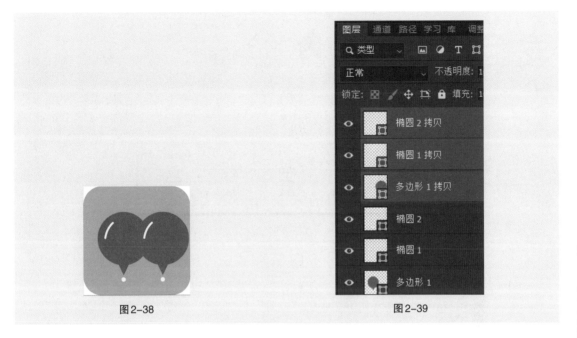

图2-38　　　　　　　　　　　　　　　　　　　　图2-39

（13）将"多边形1拷贝"图层中图形的颜色改为红色（R=255，G=84，B=84），最终效果如图2-40所示。

图2-40

2.3.3　面性"首页"图标的设计与制作

　　"首页"图标是"伴游"App首页中的一个功能图标，该图标有两种状态——选中和未选中状态，分别对应的是面性图标和线性图标，设计效果如图2-41所示。导航栏中的5个图标如图2-42所示，当前"首页"图标展示为面性图标，以提示用户当前页面的选中状态；其他图标处于未选中状态，以线性图标的形式进行展现。

微课

面性"首页"
图标的设计与
制作

图2-41

图2-42

实现过程如下。

（1）打开Illustrator，执行菜单栏中的"文件"|"新建"命令，新建一个空白画布。设置画布"宽度"为200px，"高度"为200px，"颜色模式"为RGB颜色，"光栅效果"为屏幕（72 ppi）（ppi表示像素/英寸），如图2-43所示。

图2-43

（2）选择工具箱中的"多边形工具" ⬡，设置"填充"为无，"颜色"为黑色。在画布中绘制一个形状，然后设置"半径"为25px，"边数"为3，如图2-44所示，效果如图2-45所示。此时将生成"图层 1"|"路径"图层，将"路径"图层的名称修改为"三角形"，如图2-46所示。

UI设计项目化实战教程（微课版）

图2-44

图2-45　　　　　　　　　　　　　图2-46

（3）选择工具箱中的"直接选择工具" ，单击三角形的顶点（锚点），对三角形的高度进行修改。三角形调整完成后的效果如图2-47所示。

（4）选择工具箱中的"矩形工具" ，设置"填充"为无、"颜色"为黑色，在画布中绘制一个形状，然后设置"宽度"为30px，"高度"为21px，如图2-48所示，效果如图2-49所示。此时将在"图层1"中生成一个"路径"图层，将"路径"图层的名称修改为"<矩形>"，如图2-50所示。

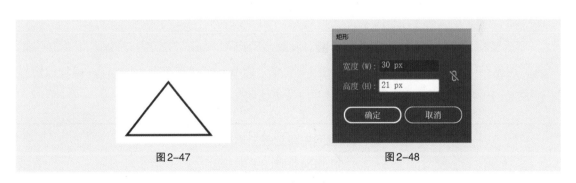

图2-47　　　　　　　　　　　　　图2-48

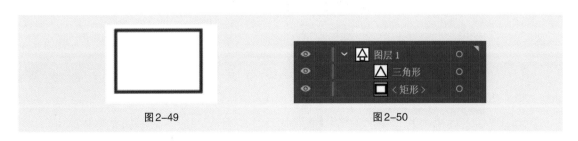

图2-49　　　　　　　　　　　　　图2-50

（5）选择工具箱中的"选择工具" ，将矩形和三角形居中对齐，效果如图2-51所示。

（6）用"选择工具" 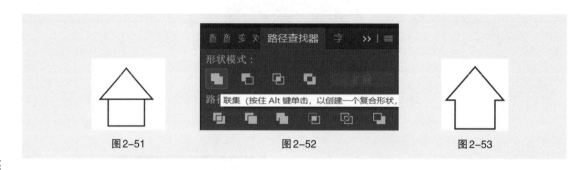同时选中矩形和三角形，在"路径查找器"选项卡中执行"联集"命令，如图2-52所示，效果如图2-53所示。

图2-51　　　　　　图2-52　　　　　　图2-53

（7）选择工具箱中的"选择工具" ，选中图2-53所示的图形，执行菜单栏中的"效果"丨"风格化"丨"圆角"命令，弹出"圆角"对话框。在"圆角"对话框中将"半径"设置为2px，如图2-54所示，效果如图2-55所示。

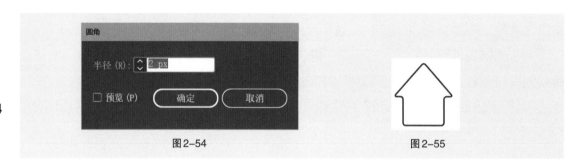

图2-54　　　　　　　　　　　图2-55

（8）选择工具箱中的"矩形工具" ，设置"填充"为无，"描边"为1px，"颜色"为黑色。在画布中绘制一个形状，然后设置"宽度"为10px，"高度"为14px，将其放置在图2-55所示图形的内部并在底部居中对齐，效果如图2-56所示。

图2-56

（9）选择工具箱中的"选择工具" ，选中图2-56中的所有图形，将"描边"设置为2px，效果如图2-57所示。

（10）选择工具箱中的"文字工具" ，在图2-57所示图形下方添加义字"首页"，设置"字体"为苹方、Regular，"字体大小"为3px，"填色"为黑色，如图2-58所示，效果如图2-59所示。

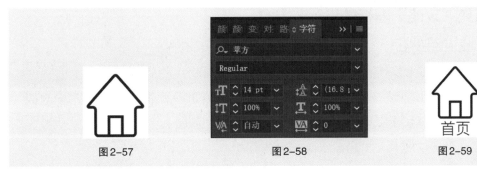

图2-57　　　　　　　　　　　　　图2-58　　　　　　　　　　　　　图2-59

（11）选择工具箱中的"选择工具"，选中图2-59中所有的图层，在"路径查找器"选项卡中执行"减去顶层"命令，如图2-60所示。"图层"面板中的效果如图2-61所示，完成后的效果如图2-62所示。

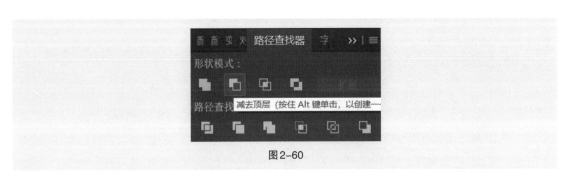

图2-60

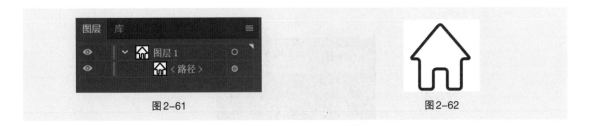

图2-61　　　　　　　　　　　　　　　　　　　　图2-62

（12）设置图形和文字的"填充"为绿色（R=89，G=196，B=126），"描边"为无，效果如图2-63所示。

（13）面性"首页"图标制作完成，效果如图2-64所示。

图2-63　　　　　　　　　　　　　　　　图2-64

2.3.4 渐变"攻略"图标的设计与制作

渐变图标是现阶段网页和UI中的常见样式。渐变图标富有动感、颜色亮丽，可以起到丰富界面色彩、吸引用户关注的作用。"伴游"App的细化分类按钮栏如图2-65所示，各分类按钮采用渐变图标的形式展示在首页界面中。其中"攻略"图标如图2-66所示，图标中使用了同色系45%渐变方向。

图2-65

字体：PingFangSC Regular 28px #262626

攻略

图2-66

实现过程如下。

（1）打开Photoshop，执行菜单栏中的"文件"|"新建"命令，新建一个空白画布。设置画布"宽度"为200像素，"高度"为200像素，"分辨率"为72像素/英寸，"颜色模式"为RGB颜色，如图2-67所示。

（2）选择工具箱中的"矩形工具" ■，设置"填充"为灰色（R=191，G=191，B=191），"描边"为无。在画布中绘制一个形状，然后设置"宽度"为95像素，"高度"为90像素，如图2-68所示。此时将生成"矩形 1"图层，如图2-69所示。

图2-67

UI设计项目化实战教程（微课版）

图2-68   图2-69

（3）选择工具箱中的"圆角矩形工具" ▢，设置"填充"为红色，"描边"为无，"宽度"为12像素，"高度"为90像素，"半径"为6像素，在画布中绘制一个圆角矩形。此时将生成"圆角矩形1"图层，如图2-70所示。

（4）选择工具箱中的"圆角矩形工具" ▢，设置"填充"为红色，"描边"为无，"宽度"为61像素，"高度"为90像素，左上角的"半径"为18像素，其余角的"半径"为8像素。在画布中绘制一个圆角矩形，如图2-71所示。此时将生成"圆角矩形2"图层，如图2-72所示。

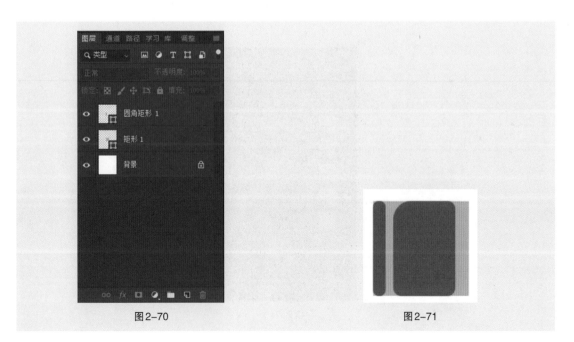

图2-70   图2-71

图2-72

（5）选择工具箱中的"钢笔工具" 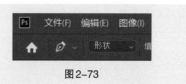，在工具属性栏中选择"形状"模式，如图2-73所示，勾画一个带有弧度的图形。此时会生成"形状1"图层，将该图层放置到"圆角矩形2"和"圆角矩形1"图层的下方，如图2-74所示。

图2-73

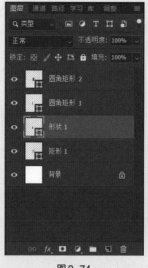

图2-74

① 在画布上单击，即可创建一个新锚点，如图2-75所示。注意，不要随意移动鼠标指针。在合适位置单击以创建第二个锚点，同时按住鼠标左键，轻轻拖曳以显示出控制手柄。移动控制手柄可以调节曲线弧度，如图2-76所示。

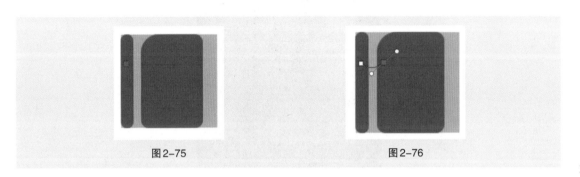

图2-75   图2-76

② 将鼠标指针放在第二个锚点上，当出现"–"号时按住 Alt 键，当"–"号变为折角形状时单击该锚点，将控制手柄修改为单向手柄，得到所需曲线，效果如图2-77所示。继续在合适位置单击以创建第三个锚点，并将控制手柄修改为单向手柄，得到所需曲线，效果如图2-78所示。

图2-77   图2-78

③ 用同样的方法在合适位置单击以创建第四个锚点，并将控制手柄修改为单向手柄，得到所需曲线，效果如图2-79所示。单击第一个锚点，即可将路径闭合，得到所需形状，效果如图2-80所示。

图2-79   图2-80

（6）选择工具箱中的"圆角矩形工具" ▣，设置"填充"为白色，"描边"为无，"宽度"为81像素，"高度"为75像素，圆角"半径"为10像素，如图2-81所示。

图2-81

（7）在画布中绘制一个圆角矩形，此时将生成"圆角矩形3"图层。将该图层放置于"形状1"图层的下方，如图2-82所示。

图2-82

（8）选中"圆角矩形3"图层，按Ctrl+T组合键对其执行"自由变换"命令，设置"变形"为下弧，"弯曲"为42.1%，如图2-83所示。完成之后按 Enter 键确认。

（9）选中"圆角矩形3"图层，按住 Alt 键，将鼠标指针移动到图层之间，当出现拐角形状时，单击即可创建剪贴蒙版。分别为"圆角矩形1""圆角矩形2""形状1"图层创建剪贴蒙版，图层效果如图2-84所示，最终的图形效果如图2-85所示。

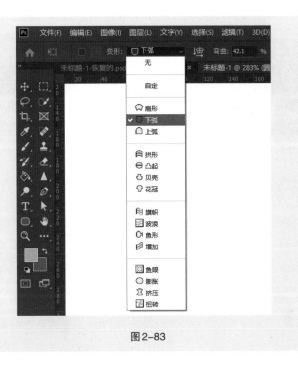

图 2-83

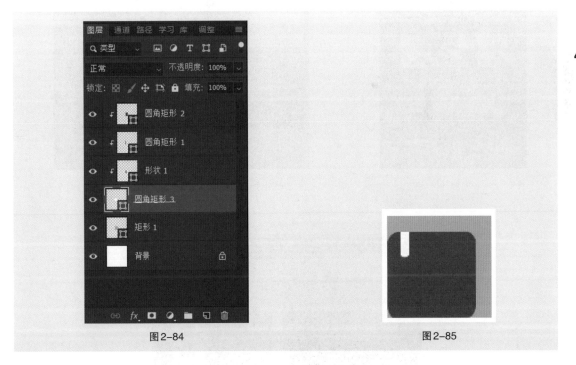

图 2-84　　　　　　　　　　　　　　　图 2-85

（10）选中"圆角矩形 3"图层，按 Ctrl+T 组合键对其执行"自由变换"命令，调整"圆角矩形 3"的大小，使它稍微大于上面 3 层图形，如图 2-86 所示，完成之后按 Enter 键确认。

（11）选择工具箱中的"移动工具"，选中"圆角矩形 3"图层并对其进行上、下、左、右移动，将"矩形 1"图层隐藏，效果如图 2-87 所示。

图2-86

图2-87

（12）选择工具箱中的"直接选择工具" ▶，选中"圆角矩形1"图层。在工具属性栏中单击"填充"按钮，在弹出的下拉菜单中选择"渐变"。在"渐变"面板中单击左下角的色块，如图2-88所示，在弹出的"拾色器"对话框中将颜色修改为（R=255，G=84，B=70），如图2-89所示。单击"渐变"面板右下角的色块，在弹出的"拾色器"对话框中将颜色修改为（R=255，G=122，B=76），如图2-90所示。在"渐变"面板中设置渐变类型为线性，旋转角度为45°，如图2-91所示，效果如图2-92所示。

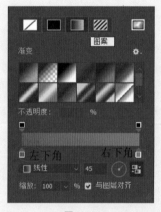

图2-88

图2-89

图2-90

图2-91

图2-92

（13）选择工具箱中的"直接选择工具" ，选中"圆角矩形2"图层。在工具属性栏中单击"填充"按钮，在弹出的下拉菜单中选择"渐变"，弹出"渐变"面板。在"渐变"面板中单击左下角的色块，在弹出的"拾色器"对话框中将颜色修改为（R=255，G=65，B=72）。单击"渐变"面板右下角的色块，在弹出的"拾色器"对话框中将颜色修改为（R=255，G=117，B=76）。在"渐变"面板中设置渐变类型为线性，旋转角度为45°，效果如图2-93所示。

图2-93

（14）选择工具箱中的"直接选择工具" ，选中"形状"1图层。在工具属性栏中单击"填充"按钮，在弹出的"拾色器"对话框中设置填充颜色为（R=242，G=18，B=3），如图2-94所示，最终效果如图2-95所示。

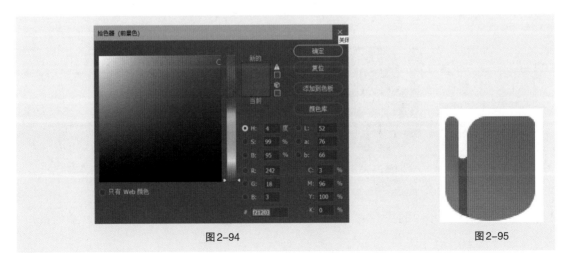

图2-94

图2-95

（15）制作小书签。选择工具箱中的“矩形工具”，设置“填充”为（R=255，G=188，B=64），“描边”为无。在画布中绘制一个形状，然后在弹出的“创建矩形”对话框中设置“宽度”为18像素，“高度”为23像素，如图2-96所示。此时将生成“矩形 2”图层，如图2-97所示。

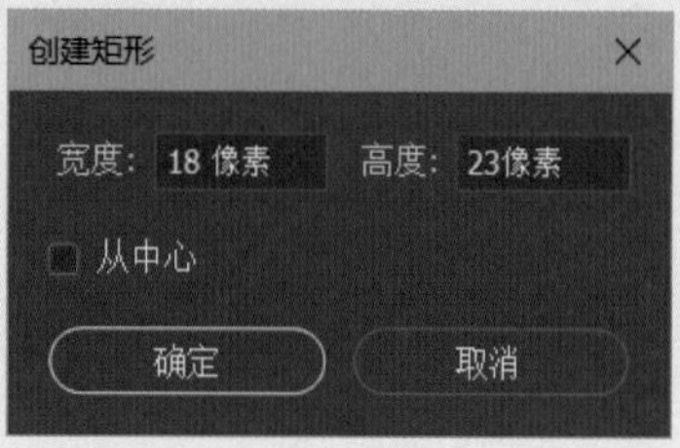

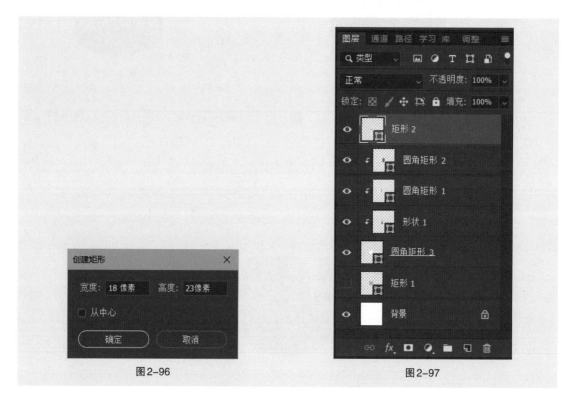

图2-96

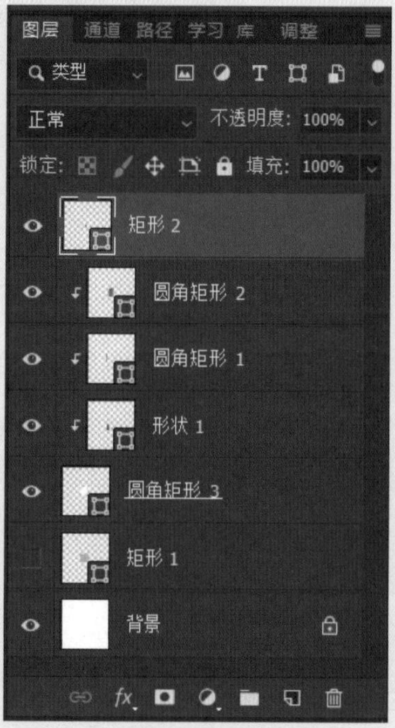

图2-97

（16）选择工具箱中的“钢笔工具—添加锚点工具”，在“矩形2”图层底部的中间位置添加一个锚点，效果如图2-98所示。

（17）按↑键将锚点向上移动到合适位置，效果如图2-99所示。

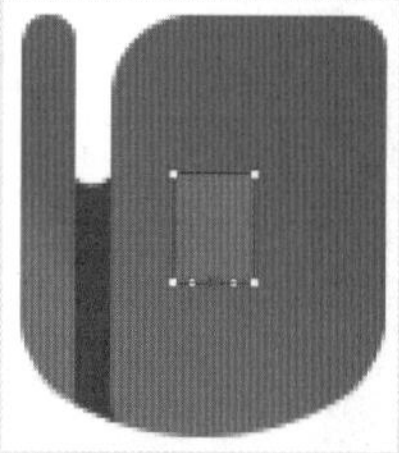

图2-98

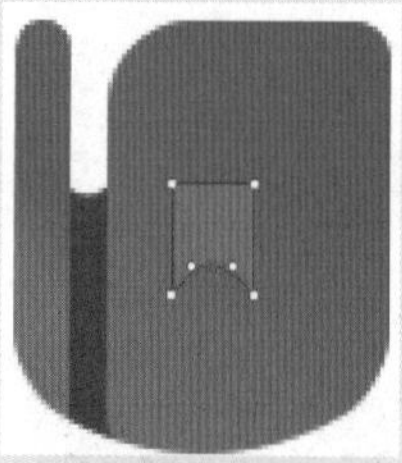

图2-99

（18）选择工具箱中的“钢笔工具—转换点工具”，单击锚点，将圆角转换为直角，效果如图2-100所示。

（19）在按住Ctrl键的同时单击"圆角矩形3"图层的缩略图，得到对应的选区，放开剪贴蒙版，效果如图2-101所示。得到选区后隐藏"圆角矩形3"图层。

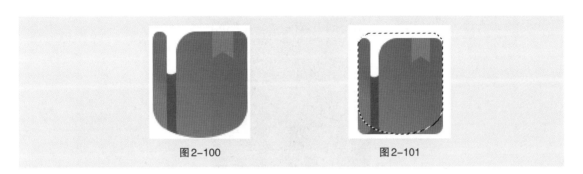

图2-100　　　　　　　　　　　图2-101

（20）将所有的图层放入一个文件夹，将文件夹命名为gonglue@zx，并为文件夹添加图层蒙版，如图2-102所示。在图标的下方利用剪贴蒙版对画出的圆角矩形进行切割，以使图标更加精美，效果如图2-103所示。

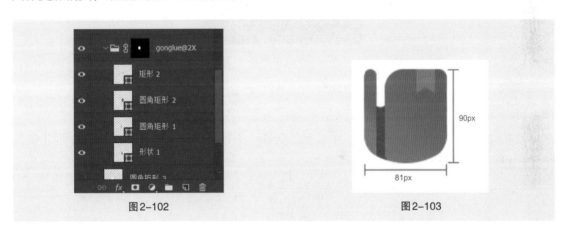

图2-102　　　　　　　　　　　图2-103

（21）选择工具箱中的"横排文字工具"，在图标下方添加文本"攻略"。设置字体为苹方、常规，"字体大小"为24点，"颜色"为黑色，如图2-104所示。"攻略"图标制作完成，效果如图2-105所示。

图2-104　　　　　　　　　　　图2-105

（22）将所有的图层放入一个文件夹里，将"圆角矩形3"图层隐藏，并将文件夹命名为gonglue，如图2-106所示。

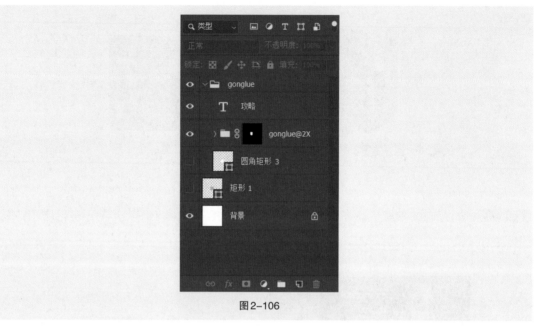

图2-106

（23）用鼠标右键单击gonglue文件夹，从弹出的快捷菜单中选择"快速导出PNG"命令，将"攻略"图标导出。

（24）根据图2-107制作主界面中其他的线性（面性）图标，根据图2-108制作主界面中其他的渐变图标。

图2-107

图2-108

2.4 创意设计实践

（1）产品名称："博学苑"App。

（2）产品定位："博学苑"App是一个主要针对在校学生的用于提高综合素养的学习平台，

汇集文化、艺术、经济、物质等学习内容。在该平台中，学生可以接受系统的学习指导，获取学习资源，让学习更多样化、便捷化。

（3）创意设计任务：参考图2-109所示的"博学苑"App主界面效果图，完成主界面图标的设计。设计要求如下。

图2-109

① 图标的外形要求：外形采用椭圆形，如图2-110所示。

图2-110

② 图标的色彩要求：采用纯度较高的颜色进行渐变设计，让图标看起来醒目、突出。

③ 图标的图案设计要求：各图标的图案要与图标文案贴合，采用面性镂空设计，并采用统一的颜色增加和谐感。

④ 其他要求：设计过程中要注意图标的实际尺寸规范，灵活应用布尔运算，并保证图标大小一致。

2.5 项目小结

本项目主要介绍了图标的设计规范及图标类型，通过讲解"伴游"App图标的制作过程，帮助读者了解图标的制作规范和技巧。图标的设计要求不同，风格和视觉效果也会不同。我们要在实践中不断总结，提升自己的创意设计能力。

2.6 课后思考

（1）图标的分类标准有哪些？

（2）图标的设计规范有哪些？

03

项目3

设计"伴游"App
主界面和登录界面

▶ **知识目标**

- 认识主界面中的主要元素
- 了解App产品原型设计的表现形式和制作工具
- 了解标注和卡片式设计的相关知识

▶ **能力目标**

- 能够根据原型图进行主界面和登录界面的设计与制作
- 能够按规范进行iOS视觉设计
- 能熟练应用iOS默认字体
- 能熟练使用对齐工具进行图文排版

素养目标

- 培养学生严谨的工作作风
- 培养学生精益求精的精神

3.1 任务导入

本项目主要根据交互设计师交付的"伴游"App主界面原型图，完成主界面的制作，效果如图3-1所示。

图3-1

3.2 相关知识

3.2.1 主界面中的主要元素

主界面是用户进入App后看见的第一个界面，在很大程度上决定了用户的原始印象。用户通常会在第一眼就快速对App做出评判，选择是继续浏览还是离开。因此，主界面的设计对App而言至关重要。

一般而言，App主界面包含导航栏、搜索栏、标签栏或舵式标签栏、首焦图、主要入口等元素。

1.导航栏

导航栏通常位于主界面的顶部，集合用户常用的一些功能。以iPhone 8为例，标准导航栏的高度为88px，加上状态栏的高度40px，一共是128px。导航栏的背景默认为白色和黑色。例如，白色的背景搭配黑色的标题，左右两侧的文字按钮或图标采用界面中的主色，如图3-2上图所示；黑色的背景搭配白色的标题，左右两侧的文字按钮或图标采用界面中的主色，如图3-2下图所示。导航栏上方通常还会显示状态栏，用于显示信号、运营商、电量等信息。在iOS中，状态栏的背景颜色与导航栏的背景颜色默认是相同的，如果没有特殊需求，建议采用相同的背景颜色，使主界面色彩更协调。

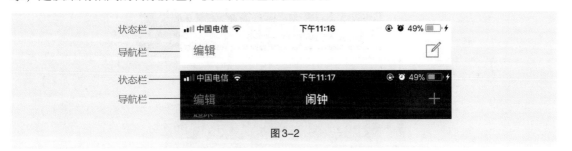

图3-2

设计师可以自定义导航栏的背景颜色，选择白色或界面中的主色，或者带有主色的渐变色。例如，"微信"App导航栏的背景采用渐变色，通常用有色的背景搭配白色的文字按钮或图标。iOS标准的导航栏标题文字样式为34px的粗体，左右两侧文字按钮的字号同样为34px，设计师也可以根据产品需要适当调整标题文字和文字按钮的字号。例如，"微博"App导航栏中标题文字的字号为36px，文字按钮的字号为32px。在白色的导航栏上，表示文字按钮处于选中状态的下画线使用了界面中的主色（橙色），如图3-3所示。

图3-3

什么时候采用文字按钮，什么时候采用图标，这取决于产品内容。如果图标能够非常清晰地表达文字的含义，就使用图标；如果不能，建议还是使用文字按钮。例如，"微博"App导航栏中的注册和登录按钮很难用图标来正确表达对应的含义，所以它们以文字按钮的形式出现。

2.搜索栏

搜索栏通常出现在导航栏上，iOS标准的搜索栏是一个高58px、圆角半径为10px的圆角矩形输入框，距离左右屏幕边缘各20px。

在设计搜索栏时，需保证输入框内的文字清晰可见。可根据导航栏的背景颜色来定义搜索栏的背景颜色，不要在颜色鲜亮的导航栏上搭配明度更高的搜索栏，也不要在颜色暗淡的导航栏上搭配明度更低的搜索栏。白色的导航栏背景宜搭配略暗的搜索栏背景，如图3-4上图所示，深色的导航栏背景宜搭配略亮的搜索栏背景，如图3-4下图所示。例如，"淘宝"App导航栏的背景颜色采用了鲜亮的橘色，搜索栏则采用深一些的橘色作为背景颜色，输入框内的白色文字被很好地凸显了出来，如图3-5所示。

图3-4

图3-5

一些App，如天猫，为了展示更多的核心内容，将导航栏设计为全透明背景，即搜索栏下是复杂的内容视图，通常为营销图片。在搜索栏的样式上，"天猫"App采用了与圆角矩形不同的圆柱矩形样式。在设计搜索栏时可以采用白色的背景，再在下面覆盖一层半透明的黑色渐变蒙版，无论背景如何复杂或显示为空白，搜索栏都清晰可见。这种方式在App设计中广受好评，如图3-6所示。

图3-6

在搜索操作不是很频繁的App中，可以将搜索栏折叠在导航栏中或界面的其他角落。用户在需要搜索的时候单击搜索图标，即可展开输入框。隐藏搜索栏能减少导航栏占用的空间，提高界面的整洁性，如图3-7所示。虽然这样的设计方案非常符合视觉设计需求，但能否隐藏搜索栏还取决于产品需求。如果用户的搜索需求大，就应该默认展开搜索栏，不能因一味追求美感而将其隐藏。

图3-7

3. 标签栏

iOS标准的标签栏高98px，图标尺寸为50px×50px，文字大小为22px。像导航栏一样，标签栏的背景也默认有黑色和白色两种颜色：白色的背景搭配黑色的标签，选中状态使用界面中的主色表示，如图3-8上图所示选中状态；黑色的背景搭配白色的标签，标签的选中状态使用界面中的主色表示，如图3-8下图所示。

图3-8

设计师可以自定义标签栏的背景颜色，但大多数App都采用白色背景，而不会使用界面中的主色作为背景颜色，因为主色通常用于表示标签的选中状态，以区别其他未选中的标签。且被选中的标签采用填充色，其他未选中的标签则只显示线框。例如，"微信"App标签栏的背景为白色，处于选中状态的标签填充为主色绿色，如图3-9所示。

图3-9

标签栏的设计风格可以多种多样，不用拘泥于iOS的设计规范。例如，可以全部采用面性图标，可以使用能延伸产品形象的图标，可以使用极简风格的图标，还可以借鉴品牌Logo的设计，如图3-10所示。这些个性方案会将产品的气质传递出来，给用户留下更加深刻的印象。

面性图标

延伸产品形象

极简风格

借鉴品牌Logo

图3-10

4. 舵式标签栏

舵式标签栏是标签栏的一种变体，用于突出强调一个标签。由于舵标签必须位于标签栏中间，所以为了排版的美观性，标签数量通常控制为3个或5个。舵标签与其他标签的区别在于，单击舵标签会在当前视图中弹出一格菜单或临时视图，而单击其他标签则会切换当前视图。例如，单击"微博"App标签栏中间的舵标签（见图3-11），会以全屏的方式弹出一个操作菜单。

舵标签

图3-11

舵标签样式的设计风格也有很多，根据产品的气质和界面风格选择相应的设计风格即可。例如，可以将舵标签和<>其他标签统一风格，可以结合产品的功能特点进行设计，还可以将舵标签设计得个性突出，如图3-12所示。

和其他标签统一风格

结合产品功能

个性突出

图3-12

5. 首焦图

首焦图也叫Banner图，常见于电商、资讯类App，用于展示App的风格和形象，通常位于导航栏的正下方。在iOS中，首焦图没有统一的尺寸规范，App Store中的首焦图尺寸为750px×303px。即便如此，UI设计师也可以根据产品需求、信息结构及视觉美感自定义其尺寸。首焦图不宜太高，过高会让主界面显得头重脚轻；也不宜太矮，过矮会让主界面比例不协调。建议将首焦图的高度控制在1/3屏左右，注意这里包含了状态栏和导航栏。如果不是背景透明的导航栏，建议将首焦图的高度设置为250px；如果是背景透明的导航栏，建议将首焦图的高度设置为378px。图3-13所示为"淘宝"App的首焦图，图3-14所示为背景不透明的导航栏与首焦图和背景透明的导航栏与首焦图。

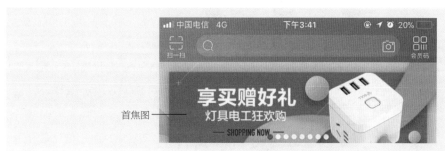

图3-13

背景不透明的导航栏和首焦图　　　　　背景透明的导航栏和首焦图

图3-14

6. 主要入口

主要入口是App主界面中最主要的功能入口，位于首焦图正下方的黄金区域，是一行或两行的图标集合，每行展示4个图标，也有的App展示5个。超出数量的图标可以轮播展示在第二页。主要入口类似手机主屏幕上的App图标。其作用是根据不同的业务划分出不同的类目，方便用户进行导航操作，单击相应图标即可进入对应的类目中。主要入口承载着80%以上的流量来源，极其重要。图3-15（a）所示为"淘宝"App主界面的主要入口，图3-15（b）所示为"大众点评"App主界面的主要入口。

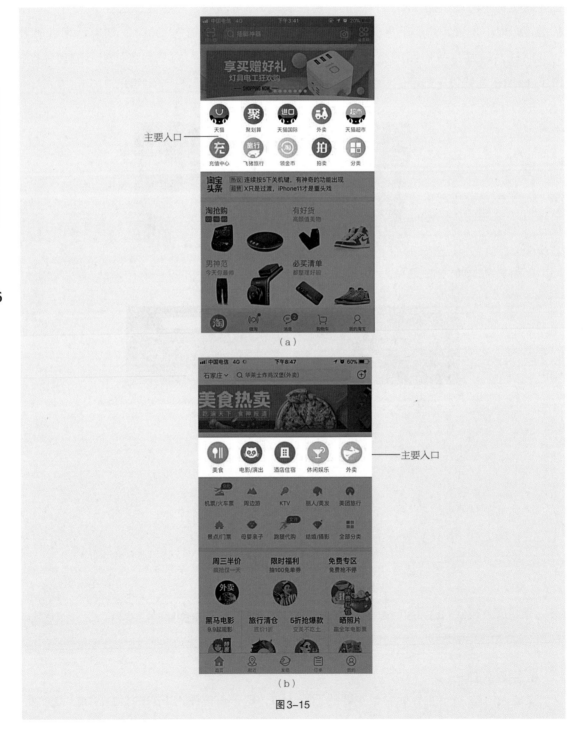

（a）

（b）

图3-15

主要入口的常见设计方案是使用剪影图标，搭配圆形或圆角矩形背景，并采用鲜亮的色彩，色彩之间能相互融合，从而形成一组扁平化图标，如图3-16所示。剪影图标风格简洁，统一的外形在保证界面美观的同时，也提高了用户的浏览效率。很多App，如马蜂窝、天猫、大众点评都采用了这种设计方案。

图3-16

主要入口不受任何视觉规范的限制，设计师可以发挥想象设计出富有美感且极具个性的方案。例如，可以全部采用不规则的面性图标设计，可以采用线面结合图标设计，还可以走极简风格，如图3-17所示。

图3-17

3.2.2 App产品原型

在设计移动端App产品时，原型用于对最终产品各界面中的内容进行简单呈现，是用于表达设计思想的示意图，也称为原型图或线框图。

1. 原型设计的表现形式

App产品原型设计的表现形式主要有两种：低保真原型图、高保真原型图。

（1）低保真原型图

低保真原型图用于对产品进行简单的模拟，只关注产品的功能、结构、工作流程，重点展现最初的设计理念和思路。其优点是省时、高效，缺点是不能实现与用户的互动。

常见的手绘原型图就属于低保真原型图。图3-18所示为用铅笔绘制的低保真原型图。

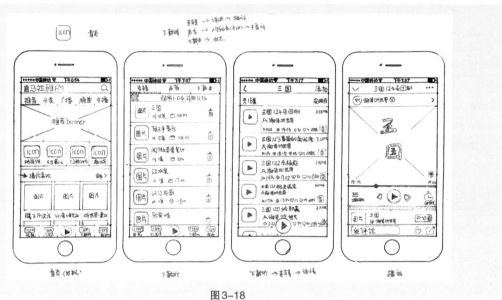

图3-18

（2）高保真原型图

高保真原型图的界面布局和交互效果与实际产品几乎等效，其用户体验也与真实产品非常接近。图3-19所示为高保真原型图示例。

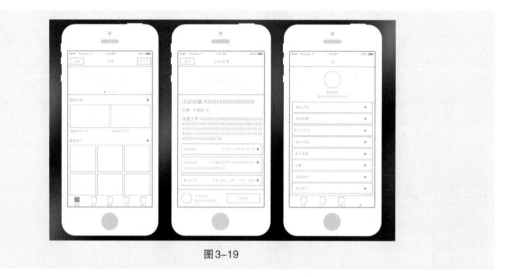

图3-19

2. 原型制作工具

UI设计师常用的原型制作工具有以下几种。

（1）Axure RP

Axure RP是一款专业的快速原型设计工具，功能齐全，有丰富的控件可以调用，深受交互设计师的喜爱。其工作界面如图3-20所示。

（2）摹客RP

摹客RP中的原型交互设计完全可视化，所见即所得，拖曳鼠标创建链接后即可实现交互。同时，摹客RP封装了弹出面板、内容面板、滚动区、抽屉、轮播等系列组件。对于常用交互，用户使用这些组件就可快速实现。其工作界面如图3-21所示。

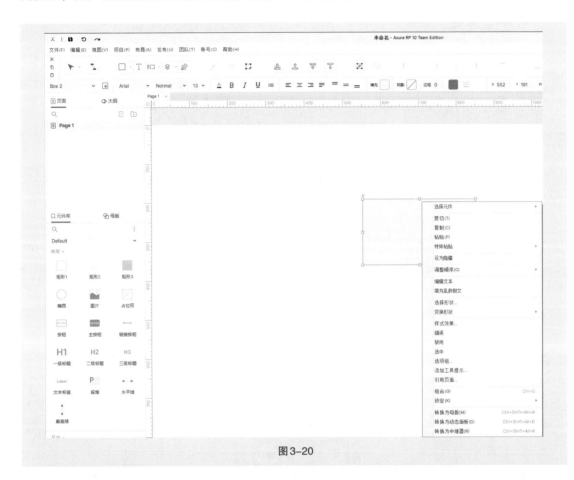

图 3-20

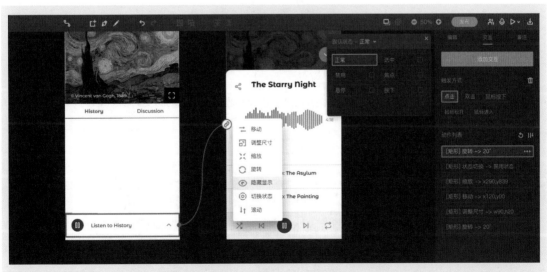

图 3-21

3.2.3　标注

当UI设计定稿后，设计师需要对其进行标注，方便开发工程师在还原界面时进行参考。

借助一些专业的标注工具有助于提高工作效率，如可使用 Cutter man（安装在 Photoshop中的第三方工具）进行标注和切图操作。在一份设计稿中，需要标注的内容主要有文字的字体、大小、粗细、颜色和不透明度，界面背景的颜色、不透明度，各图标、文字、列表之间的距离等。

3.2.4　卡片式设计

"卡片"是包含图片及文案并且有明显边界的信息区块，它本身可以是一个完整的信息区块，也可以作为更多具体内容的入口，还能承载丰富的互动方式，重塑空间的利用价值。

将卡片当作一个承载内容的容器，不同的内容被放入不同的卡片，不同的卡片有着不同的尺寸，这时，传统的框架形式就被打破了。卡片组成卡片集，空间利用率会得到极大的提升，同时界面也具有了整体性，如图3-22所示。

图3-22

在iOS中，App Store就应用了卡片式设计，将不同的内容放到不同的卡片中。卡片就像窗口，卡片内的信息可以平铺在一个很大的画布上，用户通过滚动窗口来浏览信息。点击屏幕窗口就会展开，使用户专注于这个类目的内容。不同的卡片之间采用竖向滚动与横向滚动相结合的方式，使卡片集的组合空间更大，并且方便在横向同类卡片与纵向不同栏目之间快速切换，十分快捷。

3.3 任务实施

3.3.1 主界面设计思路解析

交互设计师交付的"伴游"App主界面原型图如图3-23所示。

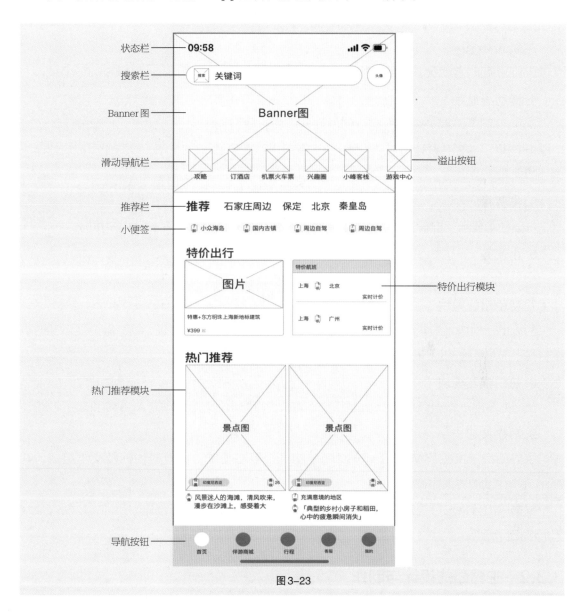

图3-23

"伴游"App的主界面包括状态栏、搜索栏、Banner图（广告或产品的推荐图）、滑动导航栏（包括攻略、订酒店、机票火车票、兴趣圈等）、推荐栏、小便签、特价出行模块、热门推荐模块和导航按钮。

各部分的功能如下。

1. 状态栏

状态栏中的时间、电量图标为系统自带的图标，只有黑色和白色两种样式，会根据背景的不同进行变换，暂不在设计师考虑的范围内。

2. 搜索栏

搜索栏用于用户查询所需要资讯，输入框中的文字提示会使用户感觉更加友好。输入框右侧是头像按钮，如果用户完成了登录，将会显示用户上传的头像。

3. Banner图

Banner图的常规状态为多图轮播展示，后期在设计时需要设计3～5张Banner图。

4. 滑动导航栏

Banner图下方有一个向右溢出的滑动导航栏，原型图中为了方便设计师理解设计了一个溢出的按钮。在UI设计中需要设计一个只有一半文字和图片的按钮，以方便用户快速理解该处的交互效果。

5. 推荐栏

推荐栏中显示了推荐产品的目录，方便用户快速做出选择，从而提升用户体验。

6. 小便签

小便签使用较小的空间展示推荐条目对应的内容。

7. 特价出行模块

特价出行模块分为两部分：第一部分用于实时推荐特惠旅游套餐，第二部分显示实时机票价格，为想远途的用户提供了便利。

8. 热门推荐模块

热门推荐是一个长模块，通过上图下文的方式进行展示，这是移动端App常用的设计方法。

9. 导航按钮

主界面最下面的导航按钮涉及该App的几个核心功能，由对应图标及文字组成，在App几个主要的界面中都会显示。

根据以上分析进行视觉设计，并为之前设计好的应用图标选择合适的色调，以便在最终界面中进行应用。

3.3.2 主界面的设计与制作

"伴游"App主界面的实现过程如下。

（1）打开Photoshop，参考素材文件"iOS UI.psd"，新建一个iPhone X尺寸的PSD文件，尺寸为1125px×2436px。

微课 主界面的设计与制作1　微课 主界面的设计与制作2　微课 主界面的设计与制作3　微课 主界面的设计与制作4

（2）在画布左右两边分别建立距离画布边缘40px的参考线，搜索栏输入框的宽度和高度尽量为整数值，方便后面输入数值，具体设置如图3-24所示。

图3-24

（3）设置Banner图的高度为625px，其高度尽量不要超过700px，确保第一屏中有足够的内容展示空间，同时减少用户点击、滑动屏幕的操作次数，以提升用户体验，效果如图3-25所示。（这里不涉及Banner图的设计过程。）

图3-25

（4）设计渐变图标。

保证每个图标（包括文字）的大小都在手指的可触碰范围内，如图3-26所示。在iPhone X中，手指点击屏幕的尺寸是44px×3=132px（44px×44px是手指点击屏幕的面积，iPhone@3X要×3）。注意，图标及文字间距要统一，即图3-27中用黄色示意的间距要相等。

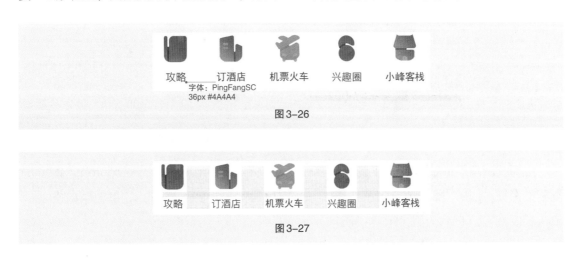

图3-26

图3-27

通过"选择工具" 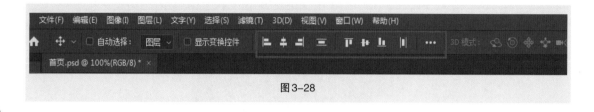 的工具属性栏调整文字间距，包括水平方向的间距和垂直方向的间距，如图3-28所示。

图3-28

（5）推荐栏设计。

选择"横排文字工具" T ，添加推荐栏中的文字，如图3-29所示。注意文字的大小及字重，"推荐"是标题文字，设置其字号为66px，字体为苹方，"颜色"为#32B16C。接下来对右侧的文字做统一处理，颜色与主色调一致，具体设置如图3-30所示。

图3-29

图3-30

（6）小便签设置。

选择"圆角矩形工具" ，制作文字底衬，如图3-31所示。可以从iconfont网站下载需要的图标。选择"横排文字工具" T ，设置字体为苹方，字号为35px，颜色为#76849C，输入相应文字，设计效果如图3-32所示。

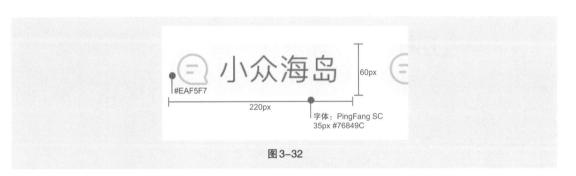

图3-31

图3-32

（7）特价出行模块设计。

特价出行模块采用卡片式设计，对内容进行卡片式的填装，并使用阴影来对界面进行区分，以减少线框的使用，增强界面的一致性与完整性，效果如图3-33所示。

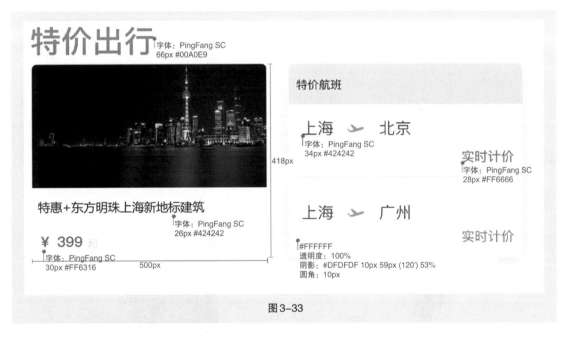

图3-33

左边的卡片使用传统移动端App常用的上图下文的组合方式，将产品图片以剪贴蒙版的方式放到卡片中。中间的标题文字与卡片左边之间要留出一定的距离，保证用户阅读顺畅。下面的价格部分注意突出价格文字。在右边的卡片中，出发城市与游玩城市中间使用飞机图标分隔，飞机的朝向即表示飞行方向，形象地传达出所要表达的信息，如图3-34所示。

特价航班
字体：PingFang SC
24px #424242

上海 北京
字体：PingFang SC
34px #424242

实时计价
字体：PingFang SC
28px #FF6666

图 3-34

（8）热门推荐模块设计。

① 采用竖版图片与文字组合的设计方式，增大图片的展示面积，以吸引用户的注意力。

② 热门推荐模块左图采用推荐广告位的方式进行特殊版式设计。

根据产品定位提出带有微话题的促销活动，在界面左侧设计一个活动话题界面按钮，以产品栏的形式出现。使用"小标签＋文字"的形式来丰富视觉层次，效果如图3-35所示。

如果背景图中有白色，则容易和白色文字混在一起，影响文字的呈现效果。在这种情况下，需要在图片上层添加渐变色（从黑色到透明色），以凸显白色文字。

热门推荐模块右侧为产品列表，通过图片来展现优美的景色，以吸引用户。用标题及标签的形式展示具体内容，使用大字号展示价格文字，注意对间距进行调整，效果如图3-36所示。

活动话题
界面按钮

图 3-35   图 3-36

（9）导航按钮排版。

导航按钮在项目2中已制作完成（见图2-108），下面需要改变一下图标的显示状态。图标分为未选中状态和选中状态，绿色是处于选中状态的图标的颜色。在设计时要充分考虑界面的实用性及后续的切图问题。完成后的效果如图3-37所示。

图3-37

3.3.3　登录界面设计思路解析

交互设计师交付的登录界面原型图如图3-38所示，设计效果图如图3-39所示。

根据原型图进行界面分析，该界面主要分为三部分：广告语（Slogan）、表单、第三方登录。

登录界面需要展示简单的广告语——"登录后风景更迷人""全世界风景期待与你们伴游而行"，精彩的广告语可以加深用户对"伴游"App的印象，拉近产品与用户的距离。为了方便用户登录，"伴游"App提供使用第三方登录方式，从而减少用户的注册时间。

登录背景是视频

图 3-38

图 3-39

3.3.4 登录界面的设计与制作

"伴游" App登录界面的实现过程如下。

（1）设计广告语部分。按照图3-40所示的设置添加广告语，注意字体规范化设计。

微课	微课	微课
登录界面的设计与制作1	登录界面的设计与制作2	登录界面的设计与制作3

图 3-40

原型图中说明了背景使用的是视频，为便于读者理解，这里用一个具有景深效果的图片来代替。

（2）设计表单部分。为实现使用手机号登录或注册的功能，需要设计一个手机号输入框，一个用于获取验证码的按钮，具体设置如图3-41所示。

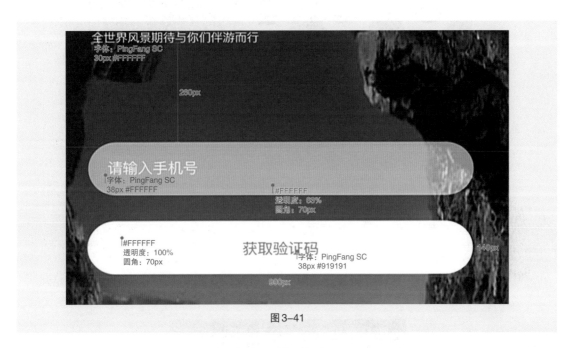

图3-41

需要注意的是，输入框和文本内容要在水平方向上对齐，"获取验证码"按钮中的文本要在垂直方向上对齐，如图3-42所示。

限于篇幅，账号密码登录方式的界面制作此处就不再详述，方法同上，设置如图3-42所示。

图3-42

（3）第三方登录部分的设置及效果如图3-43所示。

图 3-43

同样，需要左对齐元素，以方便后端工程师开发界面。在设计第三方登录部分的图标时，风格要统一，这里使用的都是面性图标。为了减少用户点击的次数，一般默认用户登录或注册后就接受了服务协议。这也是提升用户体验的一个小细节。

在进行第三方登录部分的设计时，注意要跟上面的表单部分分隔开，如图3-44所示。

图 3-44

3.4 创意设计实践

（1）产品名称："博学苑"App。

（2）创意设计任务如下。

① 参考图3-45所示的"博学苑"App主界面效果图，自主完成主界面的设计与制作。

该App主界面包括搜索框、个人中心图标、Banner图、功能图标、推荐课程模块、推荐书籍模块、导航按钮。设计要求如下。

● 搜索框设计：要在输入框中输入文字内容，如"请输入您要查找的内容"，提升用户体验。

● Banner图设计：此App主要面向学生，在设计时要体现阳光、清新的感觉，Banner区域的外观样式为圆角矩形，轮播图下方有高亮显示的圆角矩形及小红点。

● 功能图标设计：在项目2中已经介绍过，在此可以直接应用。

● 推荐课程模块、推荐书籍模块：在标题文字下层添加相应颜色的图形或图案，以突出标题。在产品展示列表中，需要注意产品标题、价格的设计，突出信息文字的主次关系，通过文字的字体、颜色、字号等进行区分。

图3-45

② 参考"博学苑"App登录界面效果图（见图3-46），自主完成App登录界面的设计与制作。

图3-46

- 根据"博学苑"App原型图进行登录界面绘制。
- 根据登录界面中的功能进行二次创意设计。

3.5 项目小结

本项目详细介绍了界面设计的内容、表现手法等知识，通过制作"伴游"App主界面和登录界面，帮助读者深入了解界面设计的方法和技巧。界面设计既要强调设计，也要强调规范，只有将二者结合，才能使设计出的界面更加美观、实用。

课后大家可以登录UI设计学习平台，赏析优秀的主界面和登录界面设计案例。

3.6 课后思考

主界面中的主要元素有哪些？

04

项目4

设计"伴游"App
引导页界面

▶ **知识目标**

- 了解引导页的分类与引导页界面的表现方式
- 了解UI设计中的MBE风格

▶ **能力目标**

- 能够根据界面的功能需求进行插画设计
- 能熟练使用Illustrator制作插画
- 能熟练使用Photoshop设计界面

素养目标

- 提高学生的职业素养
- 拓展学生的创新思维

4.1 任务导入

本项目需要完成"伴游"App引导页界面的设计与制作。引导页是一个App必要的组成部分，一般将用户初次打开App时出现的几个介绍App功能的页面叫作引导页。引导页能让用户快速了解App的功能，提升用户的使用体验。引导页效果如图4-1所示。

图4-1

4.2 相关知识

4.2.1 引导页的分类

引导页通常可以分为功能介绍类、使用说明类、推广类、问题解决类4类。

1. 功能介绍类

功能介绍类引导页重点对App的功能进行展示，让用户对App的主要功能有一个大致的了解。功能介绍类引导页大多以文字配合插画的方式进行展现（见图4-2）。

2. 使用说明类

使用说明类引导页重点对用户在使用App过程中可能遇到的问题、不清楚的操作、易产生的误操作进行提前告知。使用说明类引导页大多采用箭头、圆圈进行标识，且以手绘风格为主（见图4-3）。

方便学习

有电脑老师 学习不用愁

效率更高

科学学习 效率更高

互动学习

加入学习兴趣组 学习做题更轻松

立即进入

图4-2

3. 推广类

推广类引导页中除了有一些功能介绍，更多的是展现App的定位与风格。制作精良、个性突出的推广类引导页对吸引更多用户很有帮助（见图4-4）。

语音播报自由切换

新增详细 简洁 静音三种语音播报模式
满足您的多种需求

开启导航

图4-3

注册就送60元

注册就送大·福利·来就送

图4-4

4. 问题解决类

问题解决类引导页重点针对用户在实际生活中会遇到的问题给出解决方案，让用户与App产生情感上的联系，提升好感度，从而增强用户黏性（见图4-5）。

图4-5

4.2.2 引导页界面的表现方式

常见的引导页界面表现方式有以下4种。

1. 文字与界面组合

文字与界面组合是最常见的引导页界面表现方式，简短的文字加上功能界面，能较为直观地展示App的主要功能（见图4-6），但其缺点是过于模式化，显得千篇一律。该方式主要用在功能介绍类与使用说明类引导页界面中。

图4-6

2. 文字与插画组合

文字与插画组合也是目前常见的引导页界面表现方式，多使用场景照片、插画来表现文字内容，丰富界面形式（见图4-7）。

图4-7

3. 动态效果与音乐组合

在一些引导页界面中可以采用动画的形式，均衡各组件的动态效果，打破传统界面的静态感，让界面"动"起来（见图4-8）。同时，动态效果还可以用以界面间的切换，将默认的左右滑动方式改为上下滑动或过几秒自动切换到下一界面的方式。在一些娱乐类App的引导页界面中，加入一些与动效节奏相符的音乐也会是一种不错的尝试。

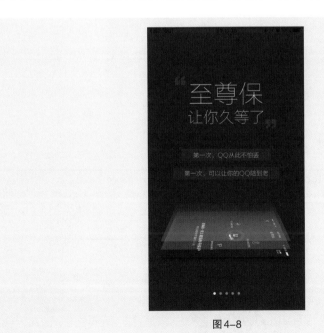

图4-8

4. 视频展示

视频展示方式多用以介绍App功能或传递相关理念，如在生活记录类App、运动类App的引导页界面中，常用视频展示用户的青春活力和积极乐观的生活态度（见图4-9）。

其优点是感受直观，易产生共情，缺点是视频在播放时容易出现卡顿的情况。

图4-9

4.2.3　UI设计中的MBE风格

　　MBE风格是从线框型Q版卡通画演变而来的，其开创者是一位法国设计师。该风格在设计上采用了更粗的描边，并去除了不必要的色块，使界面更简洁、通用、易识别。粗线条实现了对界面的绝对分隔，使内容表现更清晰，重点更突出。MBE风格在设计引导页界面时经常会使用。

　　MBE风格的特点如下。

1. 粗描边

　　简单轻松的粗线条描边（简称粗描边）是MBE风格最明显的特点（见图4-10）。在使用描边线条时不仅要结合色彩学的知识，还要将作品所表现的情感理解通透，当然也不能缺少对美的认知。

图4-10

2. 断点式描边

黑色线条的优点是可以突出内容，缺点是容易让人产生压抑感，也会减弱内容的表现力，使图标或作品失去生动的特性。MBE风格的作品中断点式描边方法很好地解决了这个问题，如图4-11所示。这些断线的数量并不由图形决定，而是跟线条的位置有直接关系。

图4-11

3. 溢出

在MBE风格的作品中，溢出的色块多用于表现物体的阴影，如图4-12所示。早期使用溢出色块的MBE作品较多，但现在已经很难见到，原因是早期作品中的图形都偏于简单色块溢出的处理，可以为画面营造质感；而后期作品的复杂度提升，溢出部分在颜色上很突兀，会破坏图形所传递的设计思想。

图4-12

4.3 任务实施

4.3.1 引导页界面设计思路解析

"伴游"App中的3个引导页界面主要采用文字与插画组合的表现方式，并结合MBE风格的溢出特点来表现插画中的高光与阴影效果。

4.3.2 引导页界面的设计与制作

"伴游"App引导页界面的实现过程如下。

微课 引导页界面的设计与制作1　微课 引导页界面的设计与制作2　微课 引导页界面的设计与制作3

1. 新建文件

打开Illustrator，执行菜单栏中的"文件"|"新建"命令，新建一个空白画布。设置"宽度"为234 mm，"高度"为412 mm，"颜色模式"为RGB颜色，"分辨率"为屏幕

（72ppi），如图4-13所示。

图4-13

2. 制作火箭主体

（1）选择工具箱中的"椭圆工具" ⬭，在工具属性栏中将"填充"颜色设置为紫色（R=117，G=27，B=375），"描边"更改为无。在画布中绘制一个椭圆，设置"宽度"为57mm，"高度"为81mm，如图4-14所示。

（2）选择工具箱中的"钢笔—转换点工具" ◥，单击椭圆的上、下两个锚点，将圆角变为尖角，效果如图4-15所示。

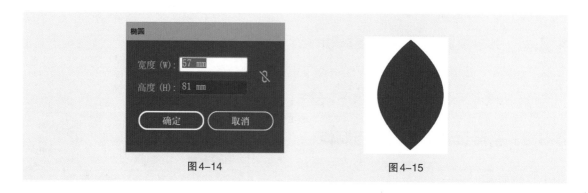

图4-14   图4-15

（3）选中椭圆，执行菜单栏中的"效果"|"风格化"|"圆角"命令，并将圆角"半径"改为3mm，如图4-16所示。椭圆效果如图4-17所示。

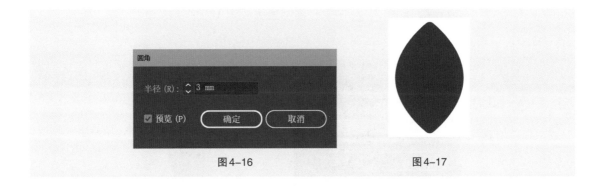

图 4-16   图 4-17

3. 制作火箭两边的助推器

（1）选择工具箱中的"圆角矩形工具" ，在工具属性栏中将"填充"颜色设置为橙色（R=255，G=194，B=93），"描边"设置为无。在画布中绘制一个圆角矩形，然后设置"宽度"为16mm，"高度"为43mm，"圆角半径"为10mm，如图4-18所示。圆角矩形效果如图4-19所示。

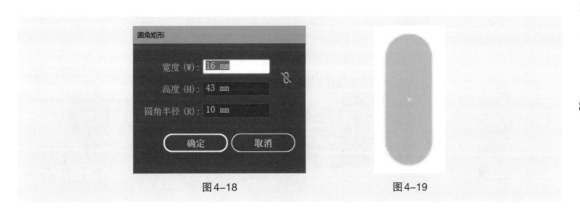

图 4-18   图 4-19

（2）选中圆角矩形，按住Alt键并拖曳鼠标，以复制圆角距形，将两个圆角矩形图层放在椭圆图层的下方。"图层"面板如图4-20所示。

图 4-20

4. 制作火箭的发动机

（1）选择工具箱中的"椭圆工具" ，在工具属性栏中将"填充"颜色设置为红色（R=255，G=92，B=87），"描边"更改为无。在画布中绘制一个椭圆，然后设置"宽度"为

26mm，"高度"为62mm，如图4-21所示。椭圆效果如图4-22所示。

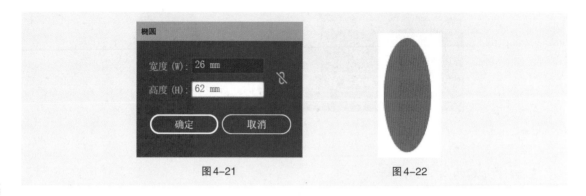

图4-21　　　　　　　　　　　　　　　　　图4-22

（2）选择工具箱中的"钢笔—转换点工具"，单击椭圆下方的锚点，将圆角变为尖角，如图4-23所示。

（3）选中椭圆，执行菜单栏中的"效果"|"风格化"|"圆角"命令，将圆角"半径"修改为2mm，如图4-24所示。椭圆效果如图4-25所示。

图4-23　　　　　　　　　　图4-24　　　　　　　　　　图4-25

（4）选中椭圆图层，将其放在箭体图层的下方，"图层"面板如图4-26所示。

图4-26

（5）选择工具箱中的"多边形工具"，在工具属性栏中将"填充"颜色设置为蓝色（R=124，G=134，B=247），"描边"更改为无。在画布中绘制一个多边形，设置其"半径"为8mm，"边数"为6，如图4-27所示。六边形效果如图4-28所示。

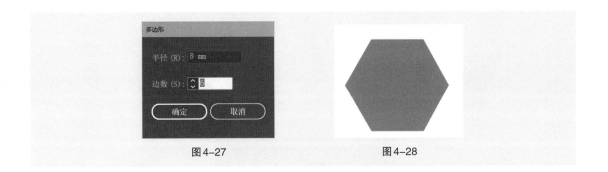

图4-27   图4-28

（6）选择工具箱中的"圆角矩形工具" 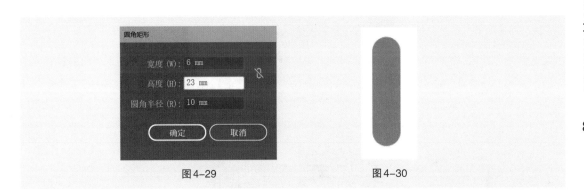，在工具属性栏中将"填充"颜色设置为蓝色（R=124，G=134，B=247），"描边"设置为无。在画布中绘制一个圆角矩形，然后设置"宽度"为6mm，"高度"为23mm，"圆角半径"为10mm，如图4-29所示。将对应图层重新命名为"圆角12"，圆角矩形效果如图4-30所示。

图4-29   图4-30

（7）选择工具箱中的"直接选择工具"，选中"圆角12"的锚点，改变它上半部分的宽度，效果如图4-31所示。

（8）选中六边形和"圆角12"，将它们居中对齐，然后在"路径查找器"选项卡中执行"联集"命令，如图4-32所示。图形效果如图4-33所示。

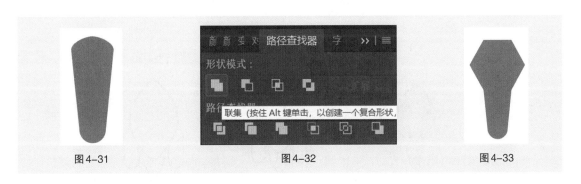

图4-31   图4-32   图4-33

（9）选择工具箱中的"直接选择工具"，选中两个图形连接的锚点，将会出现两个圆圈，如图4-34所示。按住鼠标左键并拖曳鼠标将实现圆弧效果，如图4-35所示。

图4-34　　　　　　　　　　　　　　　　图4-35

（10）选择工具箱中的"椭圆工具" 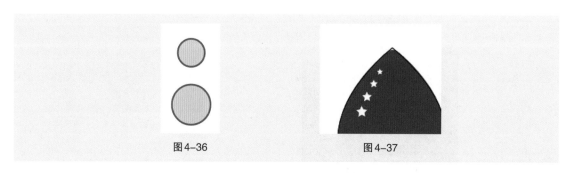，绘制两个圆形，在工具属性栏中将"填充"颜色设置为蓝色（R=210，G=213，B=2155），"描边"更改为蓝色（R=95，G=102，B=178），效果如图4-36所示。

（11）选择工具箱中的"多边形工具" ⬡，绘制4个五角星，在工具属性栏中将"填充"颜色设置为白色，"描边"更改为无，效果如图4-37所示。

图4-36　　　　　　　　　　　　　　　　图4-37

（12）选择工具箱中的"选择工具" ▶，有序排列所有图形，效果如图4-38所示。

（13）制作火箭的描边。

① 选中两个椭圆和两个圆角矩形，按住Alt键并拖曳鼠标，以复制所选图形。将其"填充"修改为无，"描边"设置为黑色（R=15，G=15，B=15），"粗细"设置为8pt，效果如图4-39所示。

② 使用工具箱中的"直接选择工具" ▶框选或单击锚点，按Delete键将它们删除，效果如图4-40所示，也可以单击锚点后进行上下调整。在"描边"面板中选择"圆头端点"样式，如图4-41所示，然后把对应图层重命名为"轮廓"，最终效果如图4-42所示。

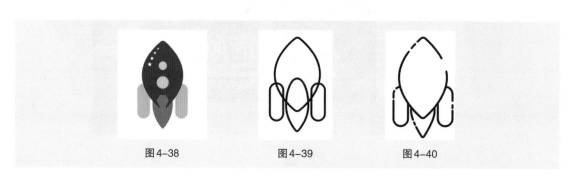

图4-38　　　　　　　　　图4-39　　　　　　　　　图4-40

图 4-41 图 4-42

（14）制作引导页背景。

① 绘制 5 个圆角矩形，将它们有序排列，效果如图 4-43 所示。

② 将圆角矩形 4 和圆角矩形 3 放在圆角矩形 2 的上层，选中圆角矩形 2、圆角矩形 3 和圆角矩形 4，在"路径查找器"面板中执行"减去顶层"命令，如图 4-44 示。效果如图 4-45 所示。

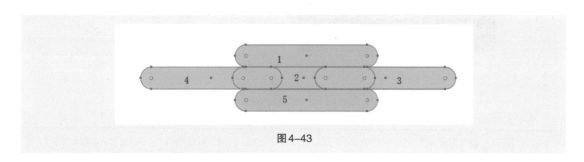

图 4-43

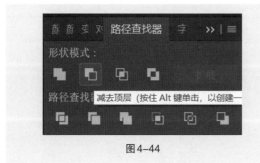

图 4-44

图 4-45

③ 绘制一个圆角矩形，选择工具箱中的"旋转工具" 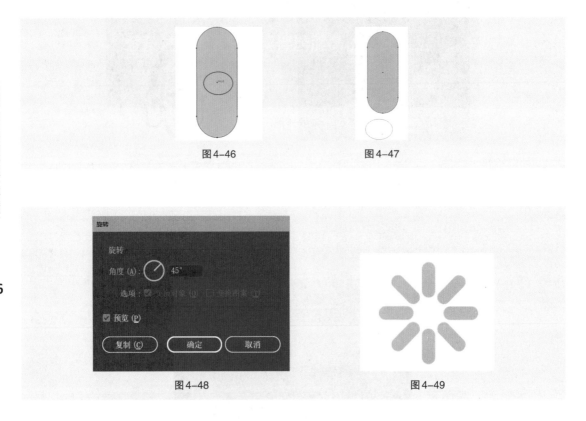，在按住 Alt 键的同时在圆角矩形中心点处按住鼠标左键并拖曳鼠标，如图4-46所示。

拖曳后的效果如图4-47所示。在"旋转"对话框中将旋转"角度"修改为45°，如图4-48所示，单击"复制"按钮复制图形，再按Ctrl+D组合键继续旋转复制图形，效果如图4-49所示。

图4-46　　　　　　　　　　图4-47

图4-48　　　　　　　　　　图4-49

④ 选择工具箱中的"文字工具" ，设置"字体"为苹方、"字体大小"为38pt，如图4-50所示。将"填充"颜色修改为蓝色（R=13，G=138，B=210），效果如图4-51所示。

图4-50　　　　　　　　　　图4-51

（15）第一个引导页界面制作完成，效果如图4-52所示。

图4-52

（16）参考上述步骤制作其他两个引导页界面，效果如图4-53所示。

图4-53

注意： 在制作引导页界面的过程中需要注意以下几点。

（1）要防止对圆角矩形一个角半径的更改影响到其他角的半径。

（2）相关图形需要合并成组件，这样更方便移动，且不会变形。

（3）对称图形与背景需要居中对齐。

4.4 创意设计实践

（1）产品名称："博学苑"App。

（2）创意设计任务：参考图4-54所示的3个"博学苑"App引导页界面效果图，自主完成引导页界面的设计与制作。设计要求如下。

图4-54

① 版式设计要求：3个界面统一采用上下版式。

② 设计风格要求：插画内容要与文案相关，同时保证3幅插画风格一致。

③ 其他要求：在第三个引导页界面中设置"立即体验"按钮，方便用户进入主界面。

4.5 项目小结

本项目详细介绍了引导页的分类和引导页界面的表现方式等知识；通过制作"伴游"App的3个引导页界面，帮助读者掌握App引导页界面的设计方法和制作技巧。

课后大家可以登录UI设计学习平台，赏析优秀的引导页界面设计作品。

4.6 课后思考

UI设计中的MBE风格指什么？

05

项目5

设计"伴游"App
搜索列表页和详情
页界面

▶ **知识目标**

- 了解搜索列表页和详情页的相关知识
- 了解常见的详情页界面版面布局
- 了解UI设计中的字体规范

▶ **能力目标**

- 能够根据原型图进行搜索列表页和详情页界面的设计与
  制作
- 能够根据对应功能完成界面色彩搭配
- 能够根据界面实际需求进行版式设计

素养目标

- 培养学生积极进取的人生态度
- 培养学生竞争意识和自信心

5.1 任务导入

　　搜索功能在App中起着至关重要的作用，搜索列表页是App的核心界面。本项目根据交互设计师交付的"伴游"App搜索列表页界面原型图，完成搜索列表页界面的设计与制作，效果如图5-1所示；根据详情页界面原型图，完成详情页界面的设计与制作，效果图如图5-2所示。

图5-1　　　　　　　　　　　　　　　　　图5-2

5.2 相关知识

5.2.1 了解搜索列表页和详情页

搜索列表页是用户通过搜索栏进行搜索后出现的页面。其目的是让用户预览在App中自己较感兴趣的内容，并根据列表展示的信息选择进入某个详情页。对于App产品来说，搜索列表页是应用范围较广、使用较多的页面之一。一个优秀的搜索列表页能帮助用户快速了解相关信息，有效提升浏览效率。

通常来说，一个完整的搜索列表页界面应包括导航栏、搜索栏、顶部操作区、列表区、分页区5个模块。

5.2.2 详情页界面版面布局

目前较常见的一种详情页界面版面布局是分屏式，就是按照手机端设计思维，以一屏为单位进行制作，最后整合成一个完整的详情页，这种形式有助于提升详情页的视觉流畅度及内容识别度。

详情页界面的构图与传统PC端海报的构图有所不同，因为详情页广泛用于手机端，所以其每一屏的内容都可以看作一张手机端的竖向海报。而一张出彩的海报，必然离不开一幅优质的"骨架"。

图5-3所示为几种在详情页界面设计中比较实用的版面布局。

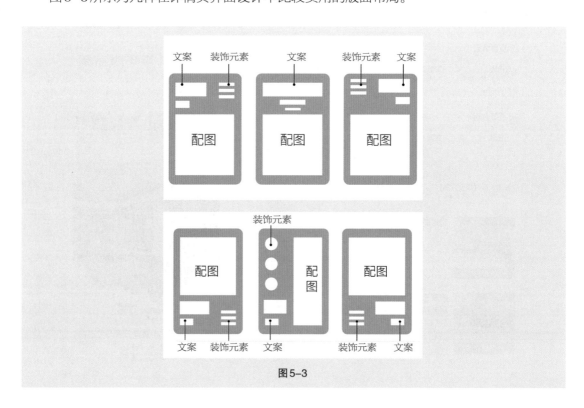

图5-3

这几种构图形式看似简单，实则兼顾了手机端的很多要点，如整洁度、辨识度、用户的接受度等。详情页界面的设计在版面布局方面并不复杂，干净、整齐的界面更利于视觉传达，也更利于在手机端展示。在详情页界面设计过程中应灵活应用各种版面布局。

5.2.3 字体规范

不同平台、不同界面中使用的字体规范也有所不同。在 iOS 系统中常使用的字体有苹方等；在 Android 系统中常使用的英文字体为 Roboto，中文字体为 Noto，偶尔也会用到微软雅黑。

一般而言，移动界面有固定的字体样式，如表 5-1 所示。

表 5-1

元素	字重	字号	行距	字距
Title 1	Light	28pt	34pt	13pt
Title 2	Regular	22pt	28pt	16pt
Title 3	Regular	20pt	24pt	19pt
Headline	Semi-Bold	17pt	22pt	−24pt
Body	Regular	17pt	22pt	−24pt
Callout	Regular	16pt	21pt	−20pt
Subhead	Regular	15pt	20pt	−16pt
Footnote	Regular	13pt	18pt	−6pt
Caption 1	Regular	12pt	16pt	0pt
Caption 2	Regular	11pt	13pt	6pt

在界面设计过程中，常见的字体问题如下。

● 字体样式太多，导致界面看起来杂乱无章。

● 使用的字体不易识别。

● 字体样式和整体氛围或设计规范不匹配。

要避免这些问题可以从以下几方面着手。

● 在视野范围内，不宜超过 3 种字体，否则界面就会显得杂乱。

● 不同样式的字体，其形状或系列最好相同，以保证字体风格的一致性。

● 字体与背景的层次要分明，确保字体样式与色调或整体氛围相匹配。

● 除了要掌握字体规范，UI 设计师还需要熟悉哪些字体可以免费商用，哪些不可以，这是一名合格的 UI 设计师应具备的基本素养。

5.3 任务实施

5.3.1 搜索列表页界面设计思路解析

图5-4所示为搜索列表页界面原型图，该界面主要包括状态栏、已输入内容的搜索栏、可左右滑动的文字导航栏、预订栏、出门旅游模块、产品栏等。

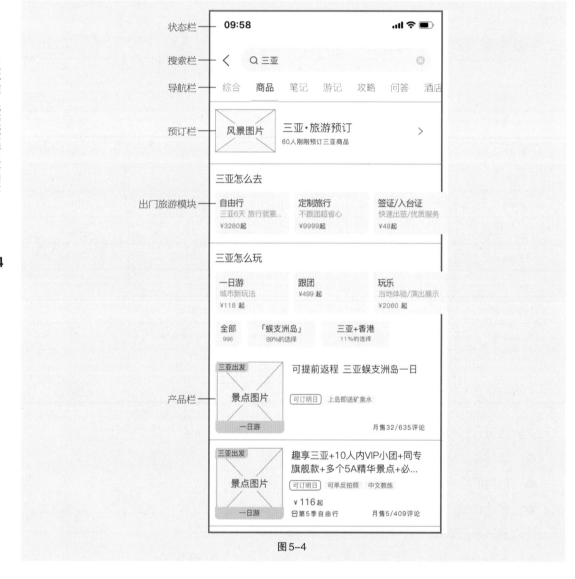

图5-4

1. 状态栏

同项目3主界面部分的介绍。

2. 搜索栏

搜索列表页界面中的搜索栏和主界面中的搜索栏是相互链接的。输入框的左侧是返回按钮，点击它可以返回主界面。搜索图标和搜索文字"海南"一起代表了用户搜索的内容。点击输入框右侧的叉号按钮可以清除输入的内容。

3. 导航栏

导航栏为滚动字条，用户可以通过点击文字来了解相关条目的信息。当前被选中的导航文字将加粗显示且正下方有绿色下画线。

4. 预订栏

用户点击预订栏可以了解与景点相关的一些配套服务。预订栏不仅能满足大部分用户的需求，面对特殊群体的特殊要求，也能提供相应的解决方案。

5. 出门旅游模块

出门旅游模块会为用户提供具体的行程参考，用户可以选择适合自己的出行方式，如跟团或自由行。该模块可以让用户了解更详细的出行信息，便于用户制订旅游计划。

6. 产品栏

产品栏通过图文结合的方式向用户简单展示旅游产品，为用户提供多种选择。

搜索列表页界面整体的设计不要太复杂，应做到主要信息一目了然，既给用户带来轻松、愉悦的感觉，又节省了用户的操作成本。

5.3.2 搜索列表页界面的设计与制作

微课

搜索列表页界面的设计与制作

"伴游"App搜索列表页界面的实现过程如下。

（1）制作搜索栏。搜索栏由返回按钮、输入框、搜索图标、搜索文字和叉号按钮组成，如图5-5所示。

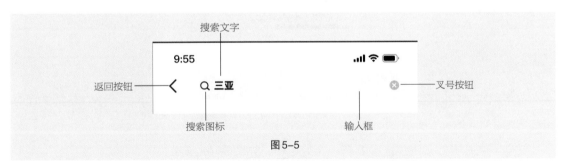

图5-5

输入框圆角半径的值为偶数，长和宽是个位数为0或5的整数，如图5-6所示。

图5-6

搜索栏不能太靠边，需要与界面边缘保持一定的距离，距离也是个位数为0或5的整数，如图5-7所示。

　　返回按钮、搜索图标、叉号按钮不进行具体数值的规定。搜索图标和叉号按钮不能大于搜索文字，搜索图标可以自己绘制或从图标网站下载，文字字号要为偶数值。注意，所有的文字、图标要在同一水平面，如图5-8所示。

图5-7　　　　　　　　　　　　　　图5-8

　　（2）制作导航栏，效果如图5-9所示。

图5-9

　　注意导航栏中的所有文字大小相等，字号要为偶数值，如图5-10所示。

图5-10

　　文字和文字的间距相等，且要在同一水平线上，还要保证每个文字的大小在手指的可触碰范围内，如图5-11所示。

　　文字不能距界面边缘过近，要有一定的距离，如图5-12所示。

图5-11　　　　　　　　　　　　　图5-12

　　绿色图形是圆角矩形的上半部分，其尺寸是个位数为0或5的整数，如图5-13所示。导航栏下方有一条灰色的线，宽度为1px，颜色为#E2E2E2，如图5-14所示。

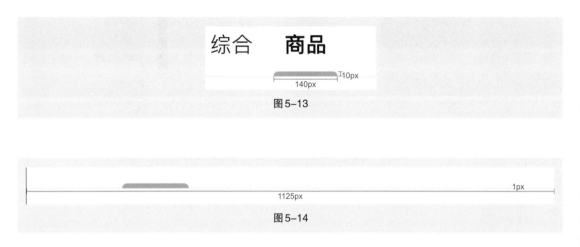

图5-13

图5-14

导航栏与搜索栏之间要有一定的距离，具体距离为个位数为0或5的整数，如图5-15所示。

图5-15

（3）制作预订栏。文字"三亚"的颜色为绿色（R=132，G=235，B=34），代表用户搜索的地区。用户点击预订栏可以了解与该地区相关的旅游景点、酒店、美食及旅游攻略等信息。预订栏下方的灰色直线用于将其与下方的内容进行区分，如图5-16所示。

图5-16

图片底部蒙版的长度、宽度是个位数为0或5的整数，圆角半径的值为偶数，如图5-17所示（黄色圆角矩形为图片的剪贴蒙版）。

注意图片蒙版与界面边缘间的距离，如图5-18所示。

图5-17　　　　　　　　　　　　　　　图5-18

要注意文字大小、颜色的设计，加粗标题文字和数字可以提高用户的注意力。注意文字左对齐，如图5-19所示。图片蒙版与上方的分割线要有一定的距离，该距离为整数值，如图5-20所示。

图5-19　　　　　　　　　　　　　　　图5-20

（4）制作出门旅行模块，如图5-21所示。

标题与圆角矩形要左对齐，每个圆角矩形都要水平对齐，注意标题文字的颜色、大小和粗细。文字"怎么去"的颜色为#242424，注意其字号要为偶数值，效果如图5-22所示。

图5-21　　　　　　　　　　　　　　　图5-22

注意内容文字的大小、颜色和粗细，所有文字都要左对齐，如图5-23所示。

"¥"的字号为30px，字体为苹方、粗体，颜色为#FF6D55；"3280"的字号为32px，字体为苹方、粗体，颜色为#FF5530；"起"的字号为28px，字体为苹方、中等，颜色为#2B2E35，如图5-24所示。

图5-23　　　　　　　　　　　　　　　　图5-24

　　注意，圆角矩形的宽度要为整数值，长度可根据实际情况进行调整，如图5-25所示。圆角矩形之间的距离要相等，如图5-26所示。

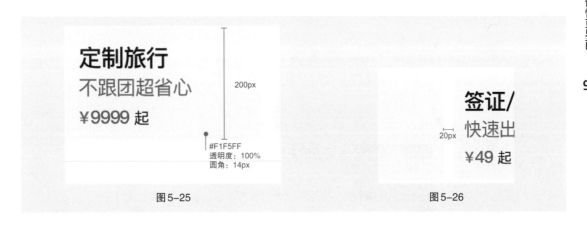

图5-25　　　　　　　　　　　　　　　　图5-26

　　（5）制作产品栏。产品栏的上部如图5-27所示。要注意所有圆角矩形的长度、圆角半径都相等，宽度与文字的字体、字号等设置有关；圆角矩形要水平对齐，文字左对齐或水平对齐，如图5-28所示。

图5-27

图 5-28

标题文字是加粗的，可以使用户一目了然，如图5-29所示。

图 5-29

产品栏的版面布局是图片在左、文字在右，如图5-30所示。应尽量简化界面，使用户的操作更便捷。

图 5-30

注意图片上文字的背景是半透明的，既区分了文字与图片，又可以让用户观看到整张图片。图片底部图层蒙版的长度、宽度是个位数为0或5的整数，文字要左对齐，如图5-31所示。

图5-31

注意各部分文字字体的设计，标题文字需要加粗，其他文字的颜色、大小应根据实际情况灵活设置，如图5-32所示。

图5-32

对于标签文字，文字下层图形的长度应根据文字内容的长度进行调整，宽度、圆角半径相等，如图5-33所示。

图5-33

5.3.3 详情页界面设计思路解析

图5-34所示为详情页界面原型图。详情页界面是"伴游"App的重要功能界面，用于介绍产品的具体信息，包括产品名称、图片展示、出行日期、行程线路、价格、点评等。详情页界面是集多种信息于一体的界面，对设计师的排版能力要求较高，设计师需要对产品有充足的认识才能把详情页界面做得更专业。

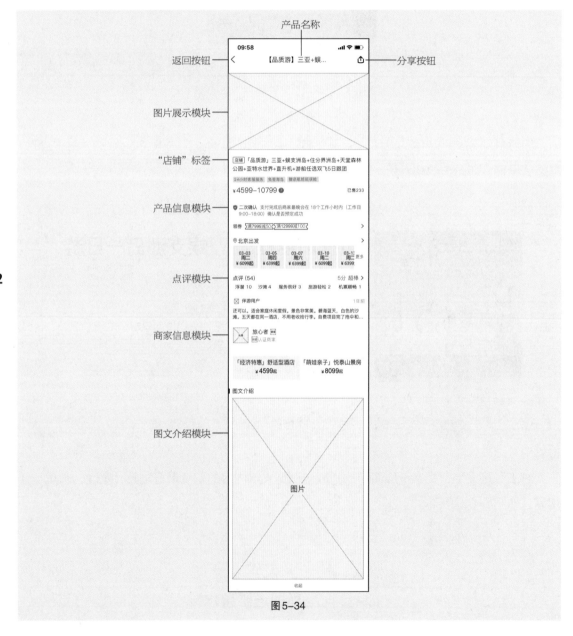

图5-34

根据原型图可知，这是一个内容非常多的界面，需要完成产品详细内容的展示，分别为标题、图文、价格、销量、友情提示等。但用户想要看到的不仅是价格，更多的是优惠与福利信息，所以根据用户心理还应设计一个促销产品模块。

5.3.4 详情页界面的设计与制作

"伴游"App详情页界面的实现过程如下。

（1）制作返回按钮。

返回按钮用于返回上一级界面，是必需的，此处根据大
多用户的使用习惯将返回按钮放置在界面的左边。其右侧是产品名称。

在"伴游"App中，用户是可以对详情页进行分享的，所以在详情页界面的右上角放置一
个分享按钮，方便用户将该详情页分享给朋友。设置界面的左右边距为40px，如图5-35所示。

图5-35

（2）制作图片展示模块。

产品名称下方展示的是图片，图片中显示了商品ID，方便用户查找相关产品，如
图5-36所示。左下角显示了出发地，方便用户在第一时间了解出发地点。

图5-36

> **注意：** 图片中的文字使用白色加投影的方式显示，方便与背景图片区分开，同时，文
> 字"北京出发"要与右侧的轮播图标在水平方向上对齐。

（3）制作"店铺"标签。

"店铺"标签用于提示用户这是第三方店铺的产品，而并不是"伴游"App官方提供的产品。标题文本样式为苹方、粗体、42px。

同理，下方的"24小时客服服务""海滨之旅"等标签文字也要与产品名称文字形成大小对比，如图5-37所示。

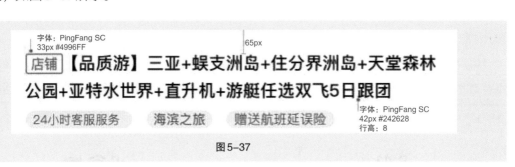

图5-37

（4）制作价格文字。

旅游产品的价格是用户比较关注的部分。其中的"¥"符号的字号要小于数字的字号，这是一种常见的设计方式。另外，数字的颜色一般为暖色，这里使用的颜色为#FF4A26，如图5-38所示。

图5-38

（5）制作产品信息模块。

产品信息模块采用线条来进行功能区分，线条两端距离界面边缘同样为40px，如图5-39所示。

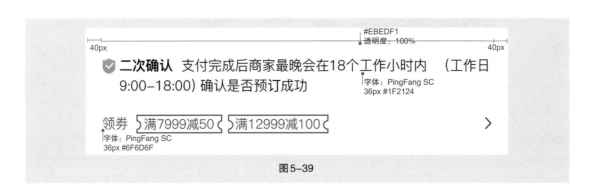

图5-39

①"二次确认"部分是一个服务形式的小型提示，字体颜色需较为醒目，其中的内容与上面的分割线之间要留出一定的空间。

②"领券"部分应用了特殊样式，以丰富界面效果。

③"出发地点"应与图片上的出发地保持一致，下面的日期与对应价格是旅游产品特有的内容，日期不同对应的价格也会有所变化，如图5-40所示。

图5-40

（6）制作点评模块。

制作点评模块时要注意文字的对齐方式及文字的大小、颜色，如图5-41所示。

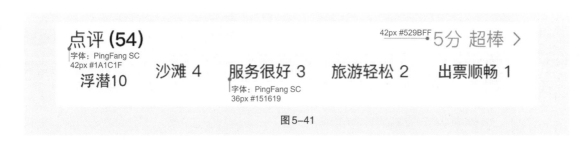

图5-41

在详情页界面中展示真实的用户点评有助于增强当前用户对产品的了解，方便当前用户了解其他用户的使用感受，如图5-42所示。

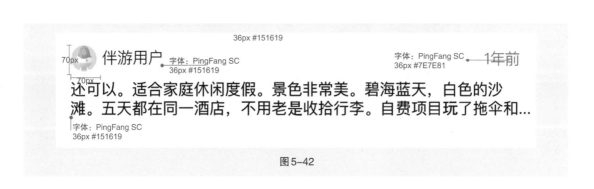

图5-42

（7）制作商家信息模块。

商家信息模块展示的是商家的Logo、名称及推荐产品，如图5-43所示，方便用户做出选择。这里将第一个推荐产品使用绿色来表示，对应内容将在下方展示。如果需要切换内容，直接点击对应内容即可。

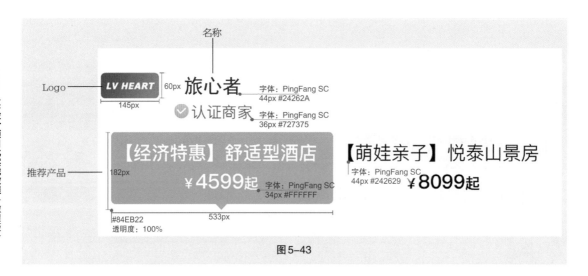

图5-43

（8）制作图文介绍模块。

图文介绍模块是长图展示区域，用于放置对应的运营图片。这些运营图片一般是由运营设计师制作的，这里只预留出放置运营图片的位置即可，如图5-44所示。

图5-44

（9）制作行程路线模块。

根据图5-45所示的原型图完成详情页界面行程路线模块的制作。

图 5-45

行程线路模块是"伴游"App的核心模块,在这里会详细介绍每一天的行程。"北京飞三亚凤凰机场"文字加粗显示,字号加大,重点体现行程信息。下面的"飞机""餐食""住宿"结合图标进行排版,增强界面的可读性、易读性。

最终效果图如图5-46所示。

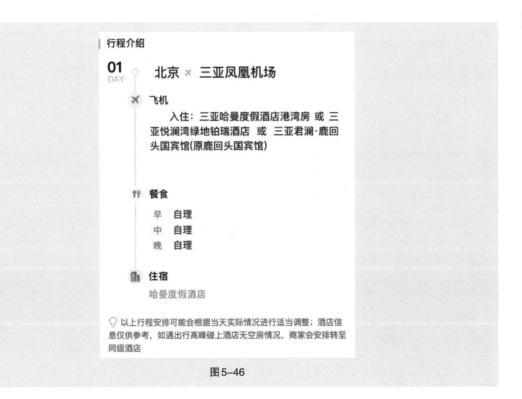

图 5-46

> **注意**：在设计详情页界面的过程中需要注意以下几点。
>
> （1）时刻关注视觉流畅度和文案辨识度。在实际工作中要做到灵活运用、举一反三。
>
> （2）一般情况下，详情页中有2～4屏比较出彩的设计即可，不要千篇一律，不要让用户感受到视觉疲劳。

5.4 创意设计实践

（1）产品名称："博学苑"App。

（2）创意设计任务：参考图5-47所示的"博学苑"App搜索列表页界面效果图，自主完成搜索列表页界面的设计与制作。设计要求如下。

图5-47

① 图文混排：选择一种适合当前产品的版面布局方式。

② 层级关系：要能体现出文字信息的层级关系，对字体、字重、字号、颜色等进行调整。

③ 分类信息：在上方的导航栏切换类目中，使用左右滑动的形式进行设计，可以同时添加多种类目。

5.5 项目小结

本项目详细介绍了"伴游"App搜索列表页和详情页界面的设计方法与制作技巧，重点对文字规范、版面布局等内容进行了说明。大家应勤加练习，熟能生巧。

课后大家可以登录UI设计学习平台，赏析优秀的搜索列表页和详情页界面设计作品。

5.6 课后思考

（1）常见的详情页版面布局方式有哪些？

（2）界面字体规范有哪些？

06

项目6

设计"伴游"App个人中心页界面

▶ **知识目标**

- 了解个人中心页界面的特点和组成
- 了解界面中的色彩系统

▶ **能力目标**

- 掌握个人中心页界面中功能图标的设计方法
- 能够根据原型图进行个人中心页界面的设计与制作
- 掌握设置页界面的设计与制作方法

素养目标

- 培养学生相互协作的能力
- 培养学生勇于探索的精神

6.1 任务导入

本项目将根据交互设计师提交的"伴游"App个人中心页界面原型图制作个人中心页界面，效果如图6-1所示。此界面中的功能图标跟主界面中的功能图标不太一样，以突出风格特点为主。另外，本项目还要设计与制作专题窗口中的栏目，即设置页界面。

图6-1

6.2 相关知识

6.2.1 了解个人中心页

个人中心页是App中常用的界面之一，用于展示个人信息，主要由用户头像和其他基本信息组成。

由于App的类型及提供的服务不同，因此不同App的个人中心页界面的信息呈现方式、布局方式会有所不同。但从整体的角度来看，它们又具备一定的共性。

UI设计师应该善于分析各行业优秀App个人中心页界面的设计样式，拓宽自己的设计思路。

6.2.2　个人中心页界面的组成

个人中心页通常叫"我的"页面，只有用户自己能看到，其界面主要由个人信息区和功能入口组成。

1. 个人信息区

个人信息区相当于个人名片，用户进入个人中心页后首先看到的就是个人信息区。个人信息区的优先级最高，因此常常放在界面上方。头像和文字信息一般是左右放置的，以提高空间利用率。

2. 功能入口

在设计个人中心页界面时需要突出核心功能入口，以起到引导用户视线的作用。

6.2.3　界面中的色彩系统

在UI设计中，色彩在表现产品的"气质"时至关重要，色彩的主次关系决定了界面的性格与最终效果。

1. 定位品牌色

品牌色一般是由客户给定的，和公司的领域、定位、特色等方面相关。

2. 选取辅助色

为界面选取辅助色时需要满足以下两个条件。

（1）和品牌色有明显差别

应避免所选辅助色看起来与品牌色差距不大或调性太过一致，造成主次不明。

（2）不能过于突兀

根据色彩原理，互补色（色相差为180°）是对比最强的颜色，但运用对比色时可能会造成突兀感。为了让选择的辅助色起到丰富界面的作用，而不会让整个画面变得不协调，可以选择同类色（色相差为15°）作为辅助色。

基于品牌色可衍生出3个辅助色：一个与品牌色传递的调性有明显差异的类似色，两个互补色的邻近色。

3. 颜色校正

每一种颜色都有自己的感官明度，也就是发光度。根据现有的使用场景，类似色和互补色大多用在同层级的信息展示上。将最终确定的辅助色摆放在一起可以发现，虽然这些辅助色的明度色值都一样，但因为它们的感官明度属性有所差别，所以它们之间会有明显的明暗差别，需要进行最终的颜色校正。

校正方式：依次在辅助色上叠加一个黑色图层，将该黑色图层的颜色模式调整为 Hue（色相），就可以通过调整无彩色系下的明度色值，使色彩的感官明度保持一致（青色和蓝色属于冷色调，故需加深），如图6-2所示。

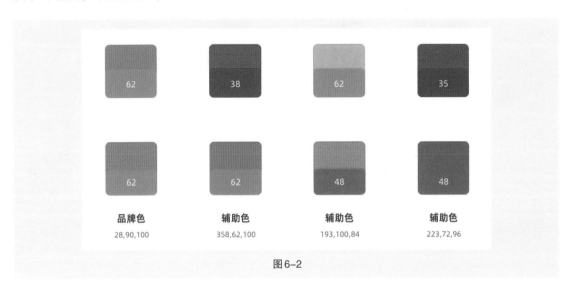

图6-2

4. 全色系色板输出

根据同色系的明度、纯度对比规则，对所有的辅助色进行明度和纯度的辅助色彩输出，可以得到最终的辅助色色板。H（色相）一致，改变 S（纯度）与 B（明度）即可产生色组。分别往浅色或深色方向按均匀数据增减，各产生5个坐标值，如图6-3所示。删除最左侧的3种同色系（明度过低时，这些颜色非常接近于黑色，色相在肉眼观察时几乎一致），最终得到基于品牌色推导出的全色系色板，如图6-4所示。

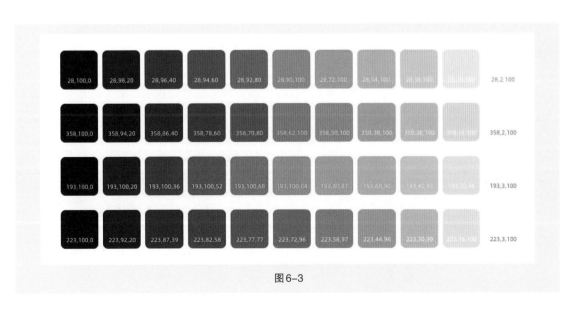

图6-3

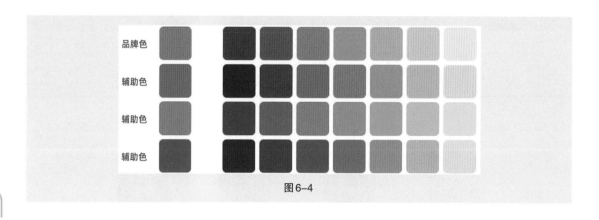

图6-4

6.3 任务实施

6.3.1 个人中心页界面设计思路解析

　　根据图6-5所示的原型图进行界面分析，个人中心页界面由以下几部分组成。

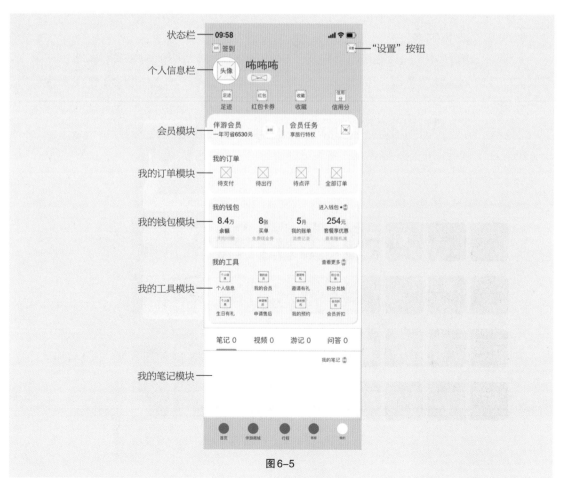

图6-5

1. 状态栏

同主界面部分的介绍。

2. 个人信息栏

个人信息栏用于展示用户的基本信息，其优先级最高，但其功能性相对较低，所以它虽然位于界面上方却只占据一小部分空间。使用圆形预留出头像区域，方便用户上传自己的照片作为头像，以提升用户体验。采用左图右文的方式进行设计，这样可以节省空间，将界面信息罗列得更加清晰。背景采用同色系渐变设计，让界面富有变化，减少单调感。

3. 会员模块

会员模块采用宫格式设计，将多种功能分为"伴游会员"和"会员任务"两部分。它的优势是方便用户查询信息，使界面更加简洁。宫格式设计大多采用图标加文字的形式，要注意统一图标的设计风格。

4. 我的订单模块

我的订单模块为个人中心页界面的"心脏"，待支付、待出行、待点评、全部订单等重要信息均在这里。用户通过该模块可以了解自己的订单信息。

5. 我的钱包模块

我的钱包模块为用户提供了便捷、灵活的支付体验，较全面地满足了用户的需求。

篇幅所限，我的工具模块、我的笔记模块不再进行分析，制作思路可参考其他模块。

6. "设置"按钮

具体操作见6.3.3节。

个人中心页界面的设计与制作1 | 个人中心页界面的设计与制作2

6.3.2 个人中心页界面的设计与制作

"伴游"App个人中心页界面的实现过程如下。

（1）制作头像区域。

头像区域采用左边图片、右边文字的设计方式，其中头像选择圆形显示方式，增加画面的柔和感，如图6-6所示。把"足迹""红包卡券""收藏""信用分"等图标、文字集中放置在头像下方，整齐、干净，如图6-7所示。此外，在头像上方设计"签到"按钮，如图6-8所示。点击"签到"按钮可以领取"金币"，兑换优惠券，以增加用户的积极性。在"签到"按钮右侧设计"设置"按钮，点击"设置"按钮将跳转到设置页界面。注意图标的大小基本一致，字号要为偶数。图标与图标、文字与文字的间隔相等并水平对齐，图标与文字居中对齐。头像的剪贴蒙版的尺寸值为整数，头像与文字的间距不要过大或过小。

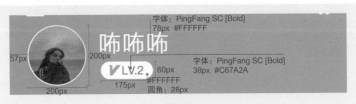

图6-6

图6-7

图6-8

（2）设置背景。

背景采用了渐变色（#59C47E—#45F983），渐变角度为45°。

（3）制作会员模块。

会员模块采用卡片式设计，以左边文字信息、右边图标的形式进行设计，效果如图6-9所示。注意背景色与会员模块背景框的颜色不同，字体的粗细和颜色代表文字信息的重要程度，具体设置如图6-10所示。

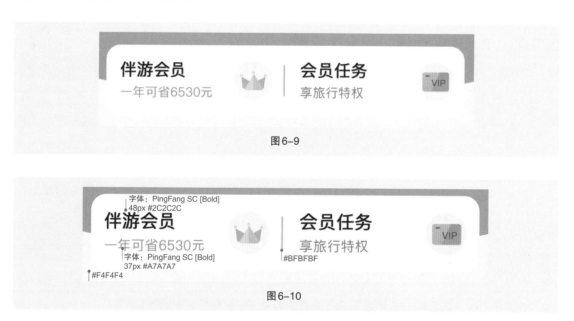

图6-9

图6-10

注意各个背景框的尺寸，具体设置如图6-11所示。背景框在界面中居中显示，如图6-12所示。注意每个模块之间的距离要相等，如图6-13所示。

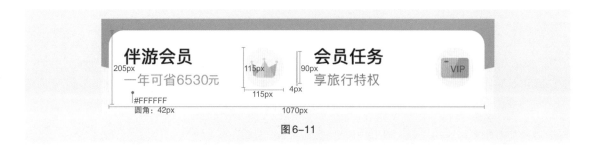

图 6-11

图 6-12　　　　　　　　　　　　　　　图 6-13

（4）制作订单模块。

订单模块由图标与文字组成。绿色的图标与背景色相呼应，如图6-14所示。所有图标
的风格和大小要统一，图标与文字要居中对齐，具体设置如图6-15所示。

图 6-14

图 6-15

（5）制作钱包模块。

钱包模块主要用文字来展示信息，"进入钱包"处的小红点代表当前有未读信息，如
图6-16所示。

图6-16

对于该模块要注意对文字的设计，通过不同的大小和颜色显现不同的信息，具体设置如图6-17所示。圆角矩形的圆角半径值必须为偶数，如图6-18所示。

图6-17　　　　　　　　　　　　　　　　　　　图6-18

（6）制作我的工具模块。

我的工具模块由线性图标和文字组成。每个图标和文字一一对应，要注意图标的设计风格统一，如图6-19所示，务必保证每个图标之的距离相等，具体设置如图6-20所示。

图6-19　　　　　　　　　　　　　　　　　　　图6-20

（7）制作我的笔记模块。

我的笔记模块采用滚动条与文字进行设计，如图6-21所示。绿色的滚动条用圆角矩形的上半部分表示，分割线的宽度为1px，用户选中的文字将加粗显示，具体设置如图6-22

所示。注意保证文字之间的距离相等，具体设置如图6-23所示。

图6-21

图6-22

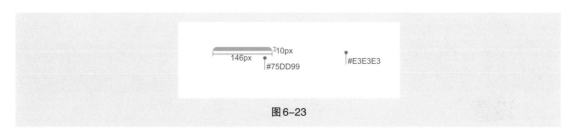

图6-23

6.3.3 设置页界面的设计与制作

点击"伴游"App个人中心页界面右上角的"设置"按钮，即跳转到设置页界面。设置页界面采用的是列表式设计，其效果图如图6-24所示。

"伴游"App根据对用户的分析，添加了第三方账户管理功能，用户可以使用微信或其他聊天软件直接登录。面容ID登录功能使用户的登录更加方便；用户还可以根据自身需求选择是否开启消息通知、个性化搜索等功能。

设置页界面的实现步骤如下。

（1）选择文字工具**T**，添加相应文字，注意文字大小的设计，具体设置如图6-25、图6-26所示。

图6-24

09:58

〈

设置

第三方账户管理　　　　　　　　　〉

支付设置　　　　　　　　　　　　〉

面容ID登录

消息通知

第一时间接受订单提醒、优惠促销

个性化搜索

如需删除个性化搜索的相关信息，请咨询客服

清除缓存　　　　　　　　　37M 〉

────────────────

关于伴游　　　　　　　　　　　　〉

隐私政策　　　　　　　　　　　　〉

设置
字体：PingFang SC
77px #333333

第三方账户管理
字体：PingFang SC
50px #333333

支付设置

面容ID登录

消息通知

第一时间接受订单提醒、优惠促销
字体：PingFang SC
37px #505050
透明度：66%

个性化搜索

图6-25

37M 〉
字体：PingFang
37px #585858

图6-26

文字要左对齐，图标要右对齐，它们与界面边缘的距离相等，具体设置如图6-27、图6-28所示。

文字间距相等，具体设置如图6-29所示。

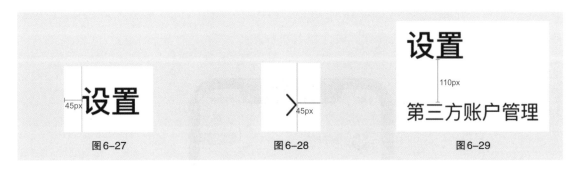

图6-27　　　　　　　　　　　图6-28　　　　　　　　　　　图6-29

（2）设计圆角图标，注意圆角矩形和椭圆要水平居中对齐，具体设置如图6-30所示。

（3）设计分割线，具体设置如图6-31所示。

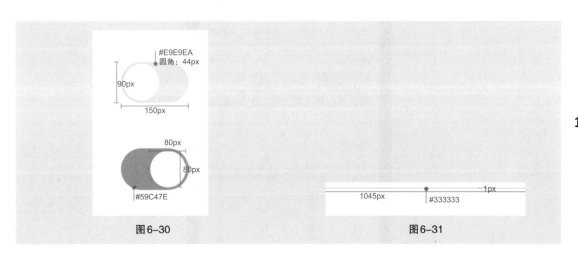

图6-30　　　　　　　　　　　　　　　　　　图6-31

列表式设计的优势是层次清晰、灵活性高，方便进行信息扩展。另外在进行列表式设计时，还可以根据业务类型对信息进行分组，以便用户浏览。这么做的目的是增加界面层次，让用户快速找到需要的信息或功能入口。

使用列表式设计时需要注意以下问题。

● 对留白的把控。空间的重要性不必多说，文字之间的关系是很微妙的，需要巧妙地处理，绝对不能忽视它。

● 界面信息要对齐。信息统一左对齐或右对齐，边距、间距的统一能让界面更规整。

● 文字有大小对比。字体、字号的合理设置对界面的呈现效果非常重要。较大的字号能让信息更加醒目；将不同大小的元素组合，能让界面更有节奏感。

● 层次分明。分清信息层次可以突出重要的文字信息。

6.4 创意设计实践

（1）产品名称："博学苑"App。

（2）创意设计任务：参考图6-32所示的"博学苑"App个人中心页界面效果图，自主完成个人中心页界面的设计与制作。设计要求如下。

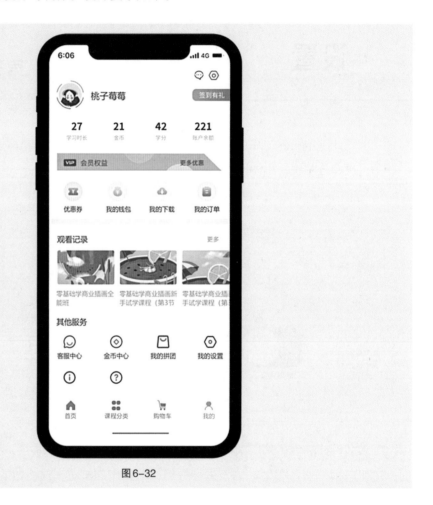

图6-32

① 模块设计要求：该界面中的模块较多，要逐一分析各模块的功能并选择合适的排版设计方式。

② 风格设计要求：会员权益模块通过提高纯度，并应用不同的设计风格与非会员进行区分。

③ 图标设计要求：对于会员权益模块中的4个功能图标，在设计时要注意和主界面中的4个功能图标进行区分，其外轮廓为圆形并使用纯度较低的色彩，中间的图案采用渐变色设计。

④ 其他要求：其他服务模块采取图文排列形式与图标设计形式。

6.5 项目小结

本项目详细介绍了个人中心页界面的组成、界面中的色彩系统等知识；通过对"伴游"App个人中心页界面、设置页界面的设计与制作，帮助读者掌握App个人中心页界面的设计方法和制作技巧。

课后大家可以登录UI设计学习平台，赏析优秀的个人中心页界面设计作品。

6.6 课后思考

界面中的色彩应用技巧有哪些？

07

项目7
设计"伴游"网页端首页界面

▶ **知识目标**
- 了解网页界面设计的概念
- 了解网页界面设计的流程
- 了解栅格系统

▶ **能力目标**
- 能够根据原型图进行网页端首页界面的设计与制作
- 掌握网页栅格的设置方法

素养目标
- 培养学生终身学习的意识
- 提高学生的网页界面审美能力

7.1 任务导入

前面介绍了移动端界面的设计规范及移动端"伴游"App的界面设计，本项目开始讲解"伴游"网页端的设计。通过对本项目的学习，读者可以掌握网页界面的设计规范。

本项目通过交互设计师提交的原型图完成"伴游"网页端首页界面的设计，效果图如图7-1所示。

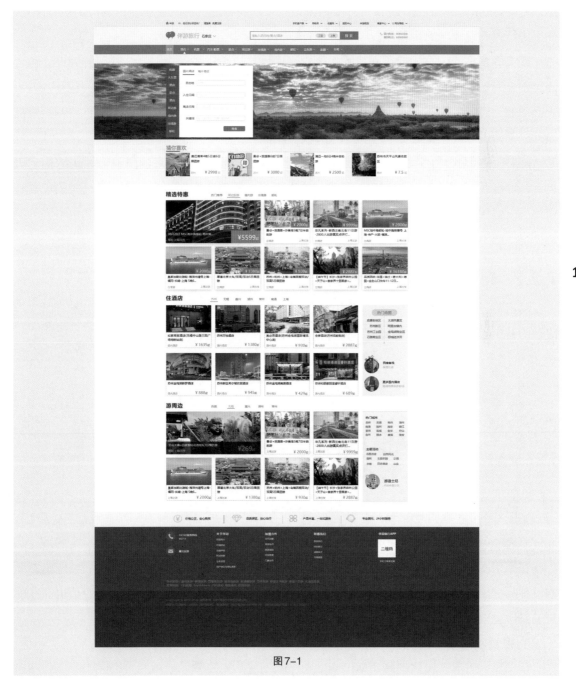

图7-1

7.2 相关知识

7.2.1 网页界面设计的概念

网页界面设计（Web UI design，WUI）是指以互联网为载体，根据企业的需求设计网页界面，在遵循艺术设计规律的基础上实现商业目的与功能的统一。这是一种商业功能和视觉艺术相结合的设计形式。UI设计师要根据企业希望向用户传递的信息进行网页功能的策划，然后进行界面设计与美化工作。

网页界面设计的本质就是网页的图形界面设计，也被称为网页设计。网页界面设计包含网页前端开发、网页平面设计、界面设计、用户体验设计等多方面的内容，注重用户体验、界面动效、富媒体等的设计。单从视觉上来划分，网页界面设计可以分为UI设计、网页图标设计、平面设计、色彩搭配、Photoshop技能表现等。

随着互联网技术的发展与大众审美的提高，网页界面设计越来越注重个性化的视觉表达，设计行业对UI设计师也提出了更高层次的要求。一般来说，大多数平面设计中的审美观点都可以套用到网页界面设计上来，不同的界面还可以利用不同的色彩搭配营造出不同的氛围，呈现出不同的美感。

7.2.2 网页界面设计的流程

网页界面设计通常可以分为原型图阶段、视觉稿阶段、设计规范阶段、切图与标注阶段、前端代码阶段、项目走查阶段6个阶段，如图7-2所示。

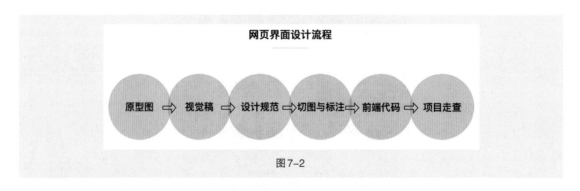

图7-2

1. 原型图阶段

在原型图阶段，设计师需要和产品经理进行沟通，这时要注意，并不是产品经理单方面向设计师提出需求，而是二者就自己的构思和擅长的方面进行沟通。例如，设计师也许在视觉的具体呈现方面有更好的方式，可以在设计之前与产品经理达成一致。

2. 视觉稿阶段

在视觉稿阶段，设计师需要根据原型图中的内容和大体版式完成网页界面的设计。网页的头部通常需要更加引人注意，设计师需要综合运用素材和需求方提供的资料设计出让人眼前一亮的头部，同时，在设计过程中也要不断和产品经理沟通。

3. 设计规范阶段

在设计规范阶段，设计师要统一主要元素的设计规范。具体来说，设计规范包括字体规范、色彩规范、图表规范、图片规范等。建立设计规范可以保证同一个项目不同界面的输出风格一致。

4. 切图与标注阶段

在切图与标注阶段，设计师可以使用Cutterman切图插件中的 Web 选项为前端工程师切出所需图片。

5. 前端代码阶段

在前端代码阶段，前端工程师会用代码重构设计师设计好的页面，把图纸变为静态页面；然后和后端工程师对接，调取数据接口。

6. 项目走查阶段

在项目走查阶段，设计师需要进行项目走查，确定网页还原度是否有问题。如果发现有和设计稿出入很大的地方，就需要让前端工程师进行调整，这个步骤非常重要。

7.2.3 栅格系统

网页界面设计的布局需要使用栅格系统，下面详细介绍其相关知识。

1. 网页栅格的概念

在网页界面设计中，可以利用一系列垂直和水平的参考线将页面分割成若干个有规律的列，即栅格，然后再以这些列为基准进行界面设计，使网页的布局更规范、简洁、有秩序。

2. 栅格系统的组成元素

栅格系统由总宽度（W）、列（a）、水槽（i）和边距（M）组成，如图7-3 ~ 图7-6所示。

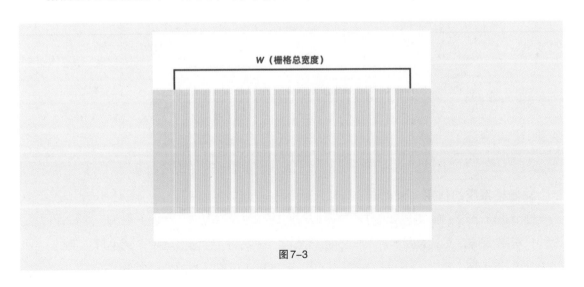

图7-3

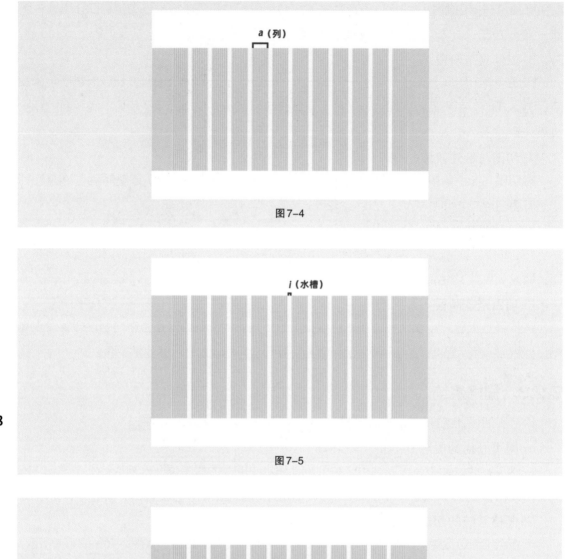

图7-4

图7-5

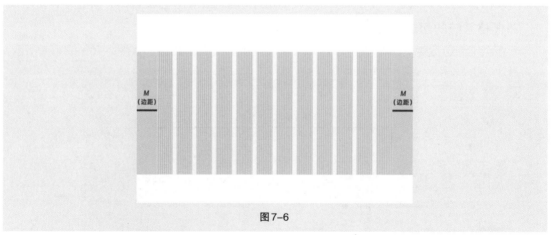

图7-6

3. 栅格系统的作用

栅格系统是为了解决不同尺寸的屏幕适配问题，迎合响应式布局而产生的一个设计体系。设计分辨率不同的页面时应选择不同的栅格选项。一共有4种栅格选项：超小屏（手机）、小屏（平板）、中屏（桌面）、大屏（超大桌面）。根据具体项目所覆盖的设备类型进行选择即可。

栅格在页面中起统一间距的作用，使每个模块可以在固定的尺寸下拥有相同的间距，并让页面风格统一，如图7-7所示。

图7-7

栅格通常分为12列，即每行最多可容纳12列，最早的960栅格还可以分为12列、16列、24列3种。

目前网页的主流宽度有 960px、980px、1190px、1210px、1440px等，宽1190px的网页可以分为12列，12X（90+10）、12X（79+22）、12X（68+34），页面排布就根据列宽和间距进行，当然有的模块不一定完全是在栅格线上的，可以根据实际情况做取舍。

4. 栅格系统的分类和计算公式

（1）有边距的栅格：适合要设计的内容宽度已知的情况（即W已知），如图7-8所示。

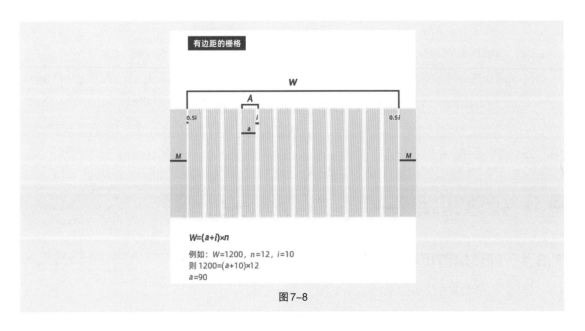

图7-8

（2）无边距的栅格：适合要适配的网页尺寸已知的情况，此时使用尺寸最接近网页内容的栅格系统，如图7-9所示。

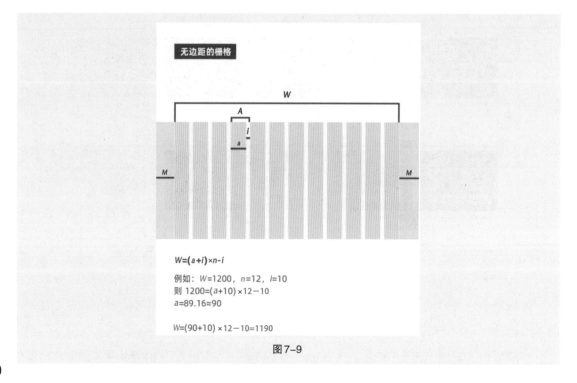

图7-9

（3）直接等分的网格：适合要设计的内容的宽度、列宽及列数已知的情况。

5. 栅格系统的使用步骤

（1）确定内容的总宽度 W（常用的有1180px、1190px、1200px、1400px）。

（2）确定栅格数目 n（如果网页结构相对简单，则 $n=12$ 即可，如果网页结构比较复杂或具有排版不确定性，则 $n=24$）。

（3）确定水槽的宽度 i（常用的水槽宽度有6px、8px、10px、15px、20px）。

目前网页中常用的为100px栅格，也就是列宽与水槽宽度的常见组合为90px+10px、80px+ 20px、70px+30px、85px+15px。对于网页中的图片，推荐使用的比例有21∶9、16∶10、16∶9、7∶5、4∶3、1∶1。栅格尺寸不是固定的，设计师可以自定义符合当前项目的栅格系统。

7.3 任务实施

7.3.1 网页端首页界面设计思路解析

"伴游"网页端的首页界面原型图如图7-10所示。

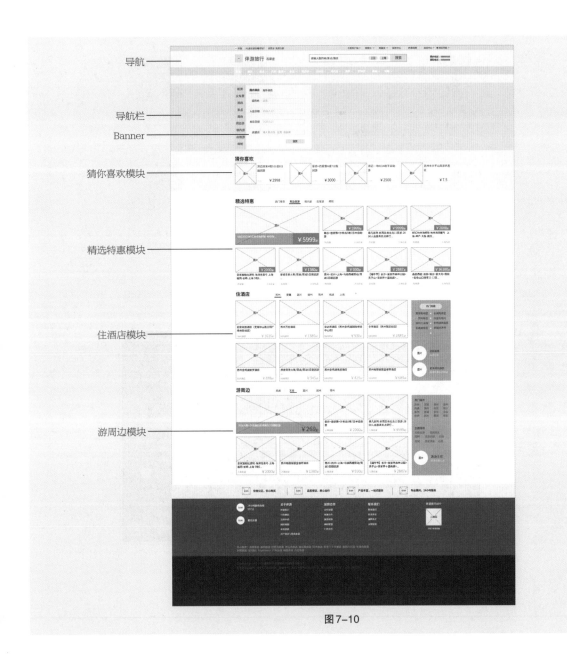

导航
导航栏
Banner
猜你喜欢模块
精选特惠模块
住酒店模块
游周边模块

图7-10

分析原型图可知，首页界面主要包括导航栏、Banner、猜你喜欢模块、精选特惠模块、住酒店模块、游周边模块等几部分。设计时注意和"伴游"App的区别。

7.3.2 网页端首页界面的设计与制作

"伴游"网页端首页界面的实现过程如下。

网页端首页界面的设计与制作1　网页端首页界面的设计与制作2　网页端首页界面的设计与制作3　网页端首页界面的设计与制作4

网页端首页界面的设计与制作5　网页端首页界面的设计与制作6　网页端首页界面的设计与制作7　网页端首页界面的设计与制作8

（1）建立画布。

根据原型图建立一个宽度为1920px、版心宽度为1200px的画布，如图7-11所示。

图7-11

（2）设计栅格。

根据原型图，在新建画布后执行"视图"|"新建参考线版面"命令，在弹出的"新建参考线版面"对话框中将列数设置为5。由于版心宽度为1200px，因此左右边距为（1920px-1200px）÷2=360px。具体设置如图7-12所示，画布中的效果如图7-13所示。

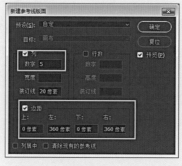

图7-12

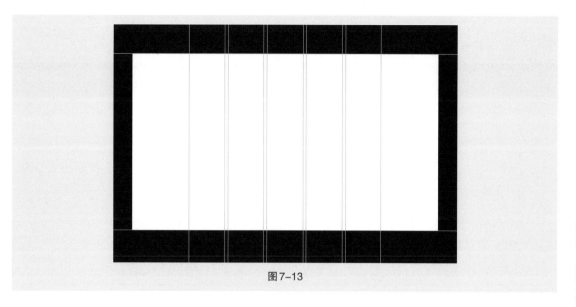

图7-13

（3）设计导航。

原型图中的导航如图7-14所示。

图7-14

导航大体分为上下两部分，下方的"伴游旅行"Logo这行分为3部分，如图7-15所示。根据网页布局规则，通常把最重要的信息放置在最左侧，其余信息按重要程度依次向右排列。

图7-15

在常规的导航中，将Logo放置在最左侧是最常见的做法也是用户最习惯的方式。后面紧跟"当前所在城市"部分，用户可以根据将要去的地方对定位进行修改，点击定位文字即可。

搜索框是网页界面的重要组成部分。通常用户进入一个电商网页后，就会直接搜索他感兴趣的产品，所以搜索框的设计至关重要，其放置的位置也非常重要。在"伴游"网页端首页界面中，搜索框位于页面的中部。搜索框中一定要有提示文字，以提醒用户搜索内容。搜索框右侧设置"伴游"的服务电话。具体设置如图7-16所示。

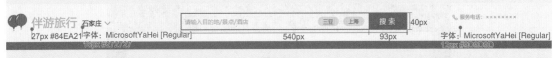

图7-16

可以将一些不太重要但是又不得不展示的内容放在Logo上方的小导航栏部分，如"手机客户端""购物车""收藏夹"等。点击"伴游规则"可显示服务条款等信息。小导航栏高30px，留有1px的下边线，字号为11px，颜色为#727272。注意，上述内容必须要在版心内。

（4）制作导航栏。

导航栏主要用于显示网站的主要功能，此处以左对齐的方式进行设计。字号为14px、字体为微软雅黑（该网页中全部采用微软雅黑字体），如图7-17所示。调整文字的间距，不用十分精确，前端工程师会在进行页面设置时统一对文字的间距进行处理。

图7-17

导航栏下方是子导航目录，当鼠标指针移动至"酒店"字段时，箭头图标方向改变，出现三角图标指向"酒店"，下方将展示"酒店"下的子导航内容，如图7-18所示。子导航内容的字号为12px，颜色为#2A2A2A，同样需要注意设置字间距。

图7-18

（5）制作Banner。

Banner的高度范围为350～450px。对于Banner，需要设计一个可以切换的表单作为出行模块的必选内容，如图7-19所示。

图7-19

因为有的字段字数较多，有的字段字数较少，所以这里使用了竖向切换栏。当前选择的是"酒店"，其右侧又细分为"国内酒店""海外酒店"两个选项。文字"酒店"的背景和右侧内容的背景一致，均为白色。当前展示的选项以蓝色显示，并在文字下方设置蓝色线，如图7-20所示。其他设置如图7-21所示。

图7-20

图7-21

（6）制作猜你喜欢模块。

制作完Banner后，其下方是根据用户喜好设置的猜你喜欢模块。该模块采用小图文的形式进行设计，如图7-22所示。标题样式为微软雅黑、粗体，具体设置如图7-23所示。

图7-22

图7-23

（7）制作精选特惠模块。

首页界面中的主要产品展示列表有5列，这也是将首页界面中的栅格设计成5列的原因。精选特惠模块下的主要推荐位用于展示主推产品，其占用两个栅格，如图7-24所示。

其具体设置如图7-25所示。

图 7-24

图 7-25

（8）制作住酒店模块。

"住酒店"模块的最右侧为侧边栏，用于显示"热门商圈"内容，让用户更加清晰明了地掌握周边的旅行信息，以便安排出行计划，如图7-26所示。

图 7-26

（9）制作游周边模块。

"游周边"模块展示了当前定位下的游玩信息，具体的展示方式如图7-27所示。侧边栏展示了"热门城市""主题活动"等信息。"热门城市"供用户选择想去的城市，"主题活动"供用户选择感兴趣的景点类别。

图7-27

在大多数情况下，用户选择使用网页端产品主要是为了更清晰地浏览信息，以便做出最佳的选择，所以要尽可能详尽地展示用户感兴趣的内容，和移动端产品做出区别，各显优势。

7.4 创意设计实践

（1）产品名称："博学苑"官网。

（2）创意设计任务：参考图7-28所示的"博学苑"官网首页界面效果图，自主完成首页界面的设计与制作。设计要求如下。

① 导航栏设计：导航栏在轮播图的上方，其背景为半透明状态，充分利用屏幕首页空间进行宽屏展示。

② 轮播图设计：Banner 轮播图采用高清大图或短视频，通过图像、动效吸引用户观看。

③ 版式布局：第三部分采用左右对称的布局样式，标题采用中文在上，英文在下的形式。

图 7-28

7.5 项目小结

本项目详细介绍了网页界面设计的流程、网页界面设计的布局以及栅格系统的概念及应用等知识；通过对"伴游"网页端首页界面的设计与制作，帮助读者掌握网页界面设计的方法和技巧。

课后大家可以登录UI设计学习网站，赏析优秀的网页端首页界面设计作品。

7.6 课后思考

（1）网页界面设计的流程包括哪些步骤？

（2）栅格系统的作用有哪些？

08

项目8
设计"伴游"网页端搜索列表页和详情页界面

▶ **知识目标**

- 了解常见网页界面的类型
- 了解常见的网页界面布局方式

▶ **能力目标**

- 能够根据原型图进行搜索列表页界面的设计与制作
- 能够根据原型图进行详情页界面的设计与制作

素养目标

- 培养学生良好的服务意识和市场观念
- 培养学生迎难而上、锲而不舍的精神

8.1 任务导入

项目7完成了"伴游"网页端首页界面的设计，本项目将制作"伴游"网页端搜索列表页界面与详情页界面。

搜索列表页界面的效果图如图8-1所示。

图8-1

详情页是一个产品的核心内容展示区，包含的内容比较复杂，如产品图文展示、行程介绍、出行日期展示、推荐理由、详细行程、用户评价等，所以其中的内容要主次分明。详情页界面的效果图如图8-2所示。

图8-2

8.2 相关知识

8.2.1 常用网页界面的类型

网页端产品常用的界面类型有首页、列表页、详情页、专题页、控制台页、表单页等。

1. 首页

首页即网站主页,是网站的首个页面,英文是Index 或 Default(分别有索引和目录的意思)。首页是用户了解网站的第一步,通常包含产品信息、产品展示图、用户注册和登录入口等。

2. 列表页

列表页是对信息进行分类管理的页面,方便用户快速查看产品的基本信息及进行相应的操作。在列表页的设计中,关键在于信息的可阅读性和可操作性。

3. 详情页

详情页是承载产品信息的主要页面，它对信息优先级的判定有一定的要求。在详情页的设计过程中，要注意布局设计，清晰的布局能令用户快速看到关键信息。

4. 专题页

专题页是针对特定的主题而制作的页面，包括网站的相应模块、所涉及的功能及该主题事件对应的内容等。专题页一般设计精美、信息丰富。

5. 控制台页

控制台页设计的关键是精简，能清晰地向用户展示复杂的信息（集合数字、图形及文案等信息）。

6. 表单页

表单页是录入数据时必不可少的页面，通常用来执行登录、注册、预订、下单、评论等任务。出色的表单设计，可以引导用户高效地完成表单信息的录入。

8.2.2 常见的网页界面布局方式

在设计网页界面时，需要从整体把握好各种元素的布局方式，只有充分地利用有限的页面空间或创造出新的空间，并使其中的元素合理布局，才能设计出优秀的网页界面。常见的网页界面布局方式有以下几种。

1. "国"字形布局

"国"字形布局是UI设计师使用较多的一种布局方式（见图8-3），即界面最上方是网站的标题及Banner等；接下来是网站的主要内容，通常情况下左边是主菜单，右边是友情链接等次要内容，中间是主要内容；界面底部是网站的一些基本信息，如联系方式、版权声明等。

图8-3

2. 拐角布局

拐角布局又称"T"字形布局（见图8-4），与"国"字形布局只在形式上有区别。在实际运用中还可以改变"T"字形布局的形式，如一半是正文，另一半是图像或导航栏。拐角布局的优点是页面界面结构清晰、主次分明，易于使用；缺点是过于呆板，如果细节或色彩设计得不到位，就很容易使用户感到乏味。

图8-4

3. 标题正文布局

标题正文布局即界面上方是网页标题或类似的一些内容，下方是网页正文内容，例如一些文章页面或注册页面界面采用的就是这种布局方式（见图8-5）。

图8-5

4. 左右分割布局

采用左右分割布局的网页界面，一般左侧为导航链接，有时最上方会有一个小的标题或Logo，右侧为网页正文内容。采用左右分割布局的网页界面结构清晰，内容一目了然

（见图8-6）。

图8-6

5. 上下分割布局

上下分割布局与左右分割布局类似，区别仅在于这是一种上下分割的布局结构。采用上下分割布局的网页界面，通常上方放置的是网页的标题和导航栏，下方放置的是网页的正文内容（见图8-7）。

图8-7

6. 综合型布局

综合型布局是一种将左右分割布局与上下分割布局结合的网页布局方式，它是相对复杂的一种布局方式（见图8-8）。

图 8-8

7. 封面型布局

封面型布局一般出现在一些网站的首页界面，大部分是在精美的平面设计作品基础上加一些小动画，再配上几个简单的链接或一个"进入"链接（甚至可以直接在首页界面的图片上设计链接而不添加任何注释）。封面型布局可以给用户带来更赏心悦目的感受（见图8-9）。

图 8-9

在进行网页界面布局设计时，首先需要根据界面中的内容、界面的分割方向和布局方式将界面的基本格式确定下来，再在此基础上进行设计或制作。

8.3 任务实施

8.3.1 网页端搜索列表页界面设计思路解析

图8-10所示为"伴游"网页端搜索列表页界面原型图。分析原型图可知，其界面包括导航栏、产品列表模块、商品栏、"查看详情"按钮、周边信息展示区域、热门目的地模块

几部分内容。

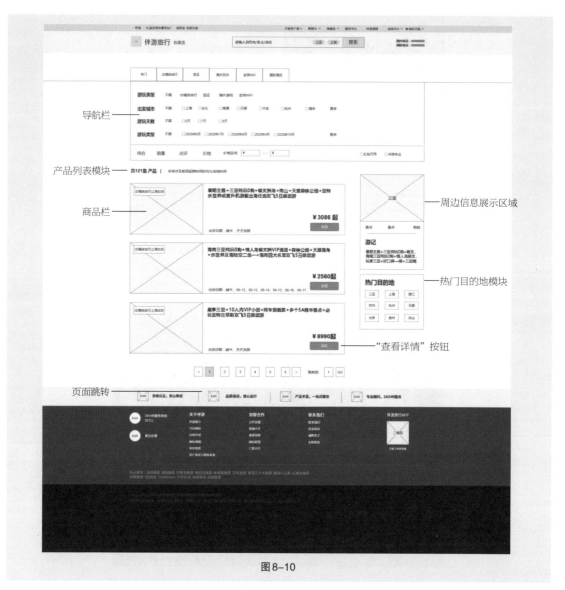

图 8-10

8.3.2　网页端搜索列表页界面的设计与制作

"伴游"网页端搜索列表页界面的实现步骤如下。

（1）制作导航栏。

导航栏主要用于显示当前产品的主要功能，此处选择居中对齐的方式进行设计；文字字号为16px，颜色为#363636，字体为微软雅黑（本产品网页界面中的全部文字都采用微软雅黑字体，效果如图8-11所示）。

调整文字的间距，不用十分精确，前端工程师会在进行页面设置的时候统一对文字的间距进行处理。

微课

网页端搜索列
表页界面的设
计与制作

图8-11

当用户点击不同的字段时，界面内容会随之发生变化，以供用户选择。点击"更多"按钮可展示剩余内容。

注意，所有列要左对齐，每一行文字都居中对齐。文字的字号为16-Blod，颜色为#666666。文字内容要与边缘保持一定的距离，如图8-12所示。

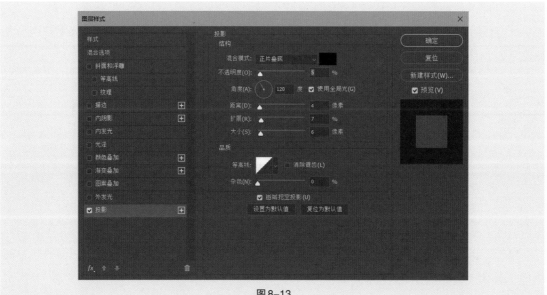

图8-12

导航栏下方"销量"右侧的箭头代表可以根据产品的销量情况来选择产品，用户可以设置价格区间。"综合""销量""点评""价格"字段的距离要相等。为"价格区间"的背景框添加投影图层样式，可在"图层样式"对话框中进行设置，如图8-13所示。

图8-13

（2）制作产品列表模块。

产品列表模块右侧的标题简单需描述产品的内容，文字简洁，在视觉上给人舒服、愉悦的感觉，如图8-14所示。

图8-14

产品列表模块中的商品栏采用左侧图片、右侧文字的设计形式，右侧的描述内容要尽量简化，不要过于复杂，以提升用户的体验，如图8-15所示。

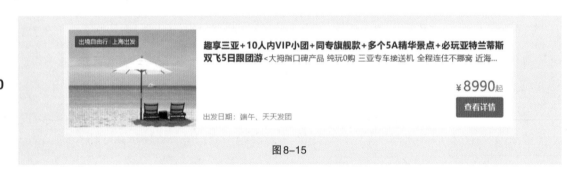

图8-15

设计商品栏时需要注意以下问题。

① 背景设计：图片上文字的背景是半透明的，目的是既可以点题，又不影响用户观看整张图片，具体设置如图8-16所示。

图8-16

② 文字的设计：标题文字需要加重，用文字的颜色、大小来区分产品的关键内容，具体设置如图8-17所示。

UI设计项目化实战教程（微课版）

图 8-17

③ 每个商品之间的距离要相等。

④ 设计文字时需要注意左对齐，文字与图片要有一定的距离。例如，"¥"的字号为18px，字体为微软雅黑、粗体，颜色为#F34B4B；"3086"的字号为28px，字体为微软雅黑、粗体，颜色为#F34B4B；"起"的字号为16px，字体为微软雅黑、中等，颜色为#948F8F，如图8-18所示。

图 8-18

（3）制作"查看详情"按钮。

单击"查看详情"按钮可跳转到商品详情页，该按钮的具体设置如图8-19所示。

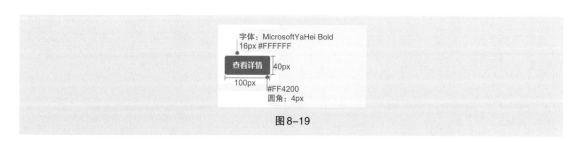

图 8-19

（4）制作页面跳转。

在产品列表模块下方，单击相应按钮或输入数字可实现页面的跳转。当前页面为第一页，所以在设计时要将其突出显示，如图8-20所示。

图8-20

背景框中的文字居中对齐，具体设置如图8-21所示。

图8-21

（5）制作周边信息展示区域。

周边信息展示区域位于产品列表模块的右侧，如图8-22所示，用于展示用户目的地周边的旅行信息，方便用户安排出行计划。其具体设置如图8-23所示。

图8-22　　　　　　　　　　　图8-23

（6）制作热门目的地模块。

热门目的地模块用于展示当前热门的旅游城市。当用户浏览整个页面时，如果对当前的目的地不感兴趣，可通过该模块中的关键词来了解其他目的地的旅游信息，如图8-24所示。具体设置如图8-25所示。

图8-24　　　　　　　　　　　图8-25

背景框的具体设置如图8-26所示。

图8-26

8.3.3 网页端详情页界面设计思路解析

图8-27所示为"伴游"网页端详情页界面原型图。分析可知，网页端详情页界面主要包括您所在位置区域、首屏界面、优惠信息模块、产品信息模块等几部分内容。

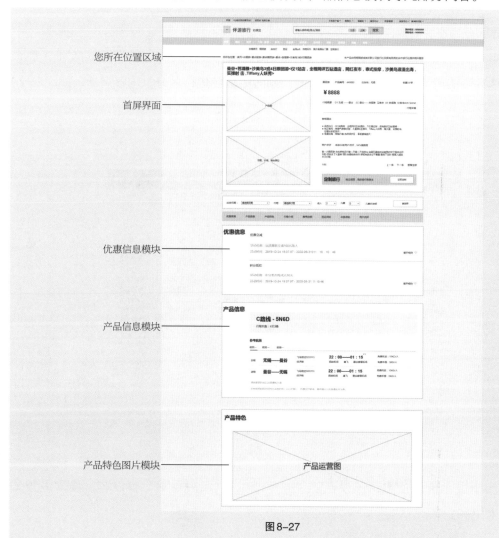

图8-27

8.3.4 网页端详情页界面的设计与制作

当前页面在"境内游"这个导航类目下，子导航栏在"境内游"下方显示。"伴游"网页端详情页界面实现过程如下。

（1）"您所在位置"区域叫作"面包屑"，用于让用户知道当前页面所在的位置，是网页界面中常见的元素，通常放置在导航栏的下方，如图8-28所示。该区域文字的字号为12px。

您所在位置：首页>境内旅游>海南旅游>三亚旅游>【品质游】三亚+蜈支洲岛+住分界洲岛+天堂森林公园+亚特水世界

图8-28

（2）制作首屏界面。

首屏界面分为左、右两部分。

左侧用于展示图片及具体的出行日期与对应的价格。日历价格表采用日期在上，剩余席位与价格在下的设计方式，十分节省空间，同时用颜色进行区分，内容清晰，如图8-29所示。

图8-29

右侧用于展示价格信息，还设置了"推荐理由""用户点评"等内容，具体设置如图8-30、图8-31所示。

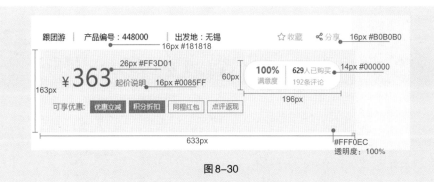

图 8-30

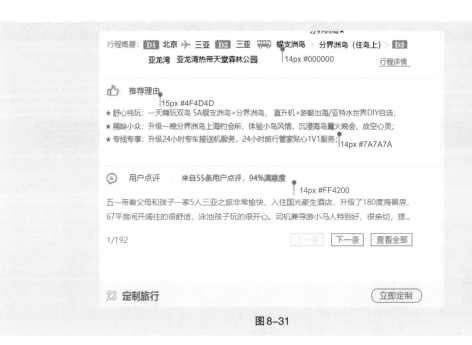

图 8-31

　　"行程概要"部分以小标签"D1"等样式表示天数，同时将交通工具图标化。"推荐理由""用户点评"部分的布局一样，注意对齐方式即可。在设计移动端 App 时，为了保证内容的显示效果，这些信息通常会被简化，但是网页端产品的显示空间较大，所以可以将这些信息都展示出来，让用户的体验更佳。

　　将"出发日期"部分设计为表单形式，供用户做选择，如图 8-32 所示。具体设置如图 8-33 所示。

图 8-32

图 8-33

再下方为锚点菜单，如图 8-34 所示。该菜单包括"优惠信息""产品信息""产品特色""行程介绍""费用说明""签证须知""用户点评"，用户点击菜单按钮即可跳转至对应的详情页中。具体设置如图 8-35 所示。

锚点菜单 ——

图 8-34

图 8-35

（3）制作优惠信息模块。

为了方便区分，模块标题文字"优惠信息"的背景色和模块背景色不同，如图 8-36 所示。

图 8-36

"优惠信息"模块分为上、下两部分，使用虚线进行分隔，更多的内容则采用点击下拉按钮的方式进行呈现。具体设置如图8-37所示。

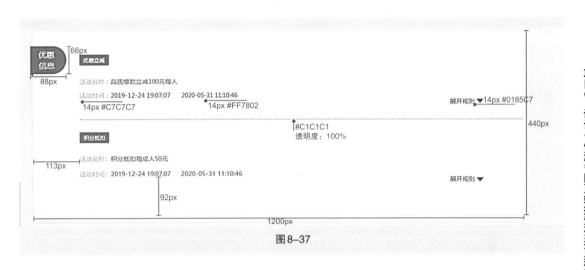

图8-37

（4）制作产品信息模块。

产品信息模块分为两部分：第一部分是用户选择的路线信息，第二部分是航班信息。航班信息中有多种可选航线，这里采用切换栏的方式进行设计。具体航班信息要包含出发地、目的地、航空公司、航班号、时间及需要注意的其他航空信息，如图8-38所示。

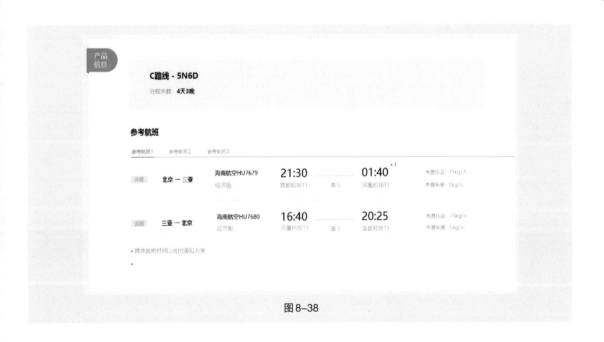

图8-38

时间"01：40"右上角显示了"+1"，代表这是第二天的时间。其他具体设置如图8-39所示。

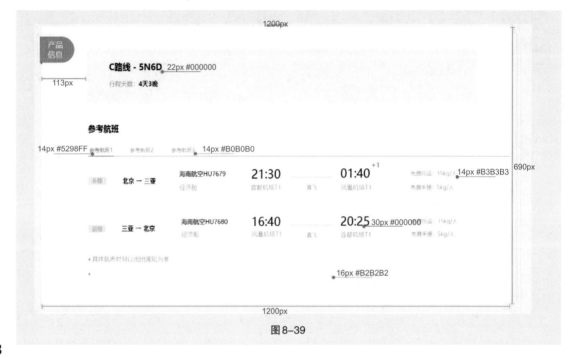

图8-39

（5）产品特色图片模块中的图片是运营设计师设计的产品运营图，此处放置一张图片占位即可，如图8-40示。

图8-40

由于详情页界面的内容较多，此处只介绍了主要部分的制作，读者在掌握了网页端详情页界面设计规范的情况下，可根据图8-41～图8-44所示的原型图完成详情页界面其他模块的设计。

图8-41

第4天　游艇出海3小时+直升机体验1公里"或0元换亚特兰蒂斯水世界"（可选项选择）

行程　默认行程为：最小三层飞桥游艇3小时+罗库游宴直升机体验，如需验陶或亚特兰蒂斯水世界一日游请在下单前点击选项，签署开始后不可变更。（行程2选1）

景点　**默认行程：进口游艇出海3小时**

1、香菜飞桥游艇3小时数理出海
2、随需装置水包含（氧气瓶、救生衣、潜水服、教练一对一）随观海秘密（约25-20分钟）。（不含一次性拍摄50元、全满镜150元及水下拍照等自费项目，拒绝自带设备）
3、摩托船冲浪速度与速度冲浪理（约2分钟）
4、海钓含杯、鱼饵、下一个茶子钓鱼品个（含鱼饵、渔具）
5、海面浮潜、
6、海上娱乐、享受假日休闲体验
7、救猴海天飞幻 娱淳
8、畅游大海、与朋友嬉戏、畅杯：游泳
9、免费提供生命的摩新"扩渡水"茶水、免费提供安迎饮料
10、免费提供冲淋针小大黑果盘
11、游艇驾驶体验 让你当一次娇贵的船型
12、全程须深秘社和水手为您随时提供贴心管家式服务
13、私心摄供出海感觉
14、15秒360度拍摄个小视频

年龄限制：60岁以上不能参加随上所有会的成年行程。
1、禁烟出海后，因游客自身原因要求提前返航，费用不退。
2、如出海当天超过预定时10分钟未到，视为自动弃约，费用不予返还
3、由于拼船产品船型不同，拼船美产品满足5人（含）以上，不保证一定可同船出海

景点　**默认行程：直升机体验**

出发体验一段令人兴奋的空中旅程【直升机观光】，打破常规观光方式，换个视角体验高空美景，享受辽阔的视野，俯瞰海岸美景，与直升机合影，到相覆航及灵感的真庞大寸。
温馨提示：
儿童收费标准：儿童不论年龄大小乘直升机均与大人同价100元/人。
温馨提示：200门以上无法参加【直升机体验】；免责声明：如遇人力不可抗拒因素，如台风、热用风氛、瀑大暴，我们会提前一天通知，飞行时间约11分钟
联乘游艇出海+一公里体验直升机，此不不安排导游，安排车接送酒店往返。

景点　**2.可选项：或"0元换亚特兰蒂斯水世界"**

睡别自然疆，享用丰盛的自助早餐。
*前往同订7卡救地亚特兰蒂斯，狂欢水无止嵌无界的水上乐园【亚特兰蒂斯水世界】体验多项刺激玩乐项目、⒈海神塔：海神之巅（85米高的发型体育，近乎垂直33冲入水、刺激的玩）⒉海牛一荐）⒊蓝色角逐（摄露摩鲸幻）⒋公主王塔：狗路障主⒌海陷图（热带风情海之巅）⒍海洋海滩水道岛）前速渡波川冲给少年）⒎热带风最…⒏水世界全水开空，为参多者小件者左收件蓄及滑泛记。水世界急玩看最随随标志随通道视点，体验玩急大水海绵相目，感受华者趣观念；或玩家团队玩急的大道以相随申助功水下可观图急，让小孩儿与大人同乐趣，对于喜欢的小申助众大父母而言，"随水温度"天绿赛7好去处，期慢的最一寸趣此，和罢们趣急一起玩，闲等游客见不同的时刻随水脚随屈下，让所有人们时乐趣天！
注意：【游玩须知】
部分游乐项目自身条件要求，详细
兮子一滑、海神之巅：体重要求136kg以下，身高要求1.2m以上。
蓝海惊流、蔚蓝摩运：体重要求90kg以下，身高要求1.2m以上。
狂虎斗士、旋风小摩阵：全重要求80kg以下，身高要求1.2m以上。
嘉露小潜行：单人体重要求90kg以下，使用双人器材，双人体重之和不超过180kg；身高要求1.2m以上。
阳光出山流：身高要求1m以上，1m-1.2m的儿童须有成人监护；每个皮筏载坐1-2人，总重量不得超过180kg。
梦水乐园：身高要求0.9m-1.2m之间无需。
冲浪汽浪：身高要求1.3m以上。
注意之一：患有警情疾病或酒后游客、孕妇、受伤（扭撞、撞伤等）、患有高血压、颈椎腰颈病、心脏病、恐病及做过大型手术、癫痫等疾病的游客，都无法以游坐，一律不得乘坐。
温馨提示：
1、凡选中"或仅游亚特兰水世界一日游"，该景点另外安排特别及旅游大巴统一接送，需在指定地点集合上车（无本社提酒店接送摆车、望理解）
请诉行前往大东海区城循脑酒一名冒日百选广场站点上下车，具体集合地点和时间以导游通知为准（如集合点较远，可打车前往导游集合点上车后，费用可不免费跟导游跟随导游体验一天21:00与您联系。
2、儿童收费标准 水世界：0.9米以下儿童免费，0.9米以上与同成人230元/人（具体价格以现场为准）！

酒店　**参考酒店**

海景房
温馨提示：酒店不能任选，具体安排需酒店掉台同意，酒店类型默认为双标准，如需大床房，请提前告知，我司可可根据酒店淡旺季安排。
志尽量安排。
如遇政府征用用、尽享海天等情况，将安排不低于原标次的其他酒店，请谅解！

餐食　早餐：酒店内
　　　　中餐：自理
　　　　晚餐：自理

第5天　根据航班时间送机

行程　**自由活动**

* 睡到自然醒，享用丰盛的自助早餐。
* 据个人安排。私人行程如已完满的行程，根据航班时间送机。
* 如您待免费送您可选择我社为您专属定制的【三亚旅拍浪光记】、记录时光，记录时光随行包含：专业摄影师1对1拍摄，免费提供化妆、造型、和服装道、免费提供道具、礼服、古韵、情侣、亲子式、孩装，所有衣服任选一套，免费赠送5张精修照成片，寄下邮件送随（无过渡费随）。
如需加的加的，请下单时备注另付行）
1、就预选的18岁以上被预约出发后，此景政交通治接随都由您承担。
2、注：旅拍基础如但需每人自行自行时约时间约1+1小时，不接受随您时段，请提前两2天预约！！
温馨提示：
春节期间1月30-2月7日无法预约，敬请谅解！
赠送活动项目因自身航班员身身原情况等随地原情况不使用无免用可选！

行程　**送机**

1、请于午12：00之前退房，如超时，多出房费请自行随酒随自付，今日正餐请自行付随。
2、如果您是晚的航班，您可以在左大街一天，品尝美味小吃、或为逛街行发现的随意好随的随水果、椰子糖、咖啡等土特产。
3、请您自由活动期间注意安全，同时随随候好时段，保持手机通畅以便送机人员联系，不要误了赶飞机的时间。

酒店　无住宿随往返交通上解决

餐食　早餐：酒店内
　　　　中餐：自理
　　　　晚餐：自理

图8-42

推荐自费项目

三亚千古情表演
详情：世界三大名秀之一《宋城千古情》的姊妹篇，以歌舞杂技、声光电高科技舞台手段揭开三亚历史上辉煌的场景，同时"给
每一天，还给千年！"
地点：三亚
价格：300元/人

三亚骏达车技表演
详情：时尚刺激、真增惊险，媲美现场好莱坞的车技表演 自愿消费 不强制！
地点：三亚
价格：240元/人

潜水
详情：自愿消费，不强制！
地点：三亚
价格：480

天堂森林玻璃栈道
详情：无敌海景玻璃栈道，可远眺"天下第一湾"漫步其中。
地点：三亚
价格：98/人

夜游三亚湾
详情：自愿消费，不强制！
地点：三亚
价格：238元/人

蜈支洲岛潜水
详情：无敌海景玻璃栈道，可远眺"天下第一湾"漫步其中。
地点：三亚
价格：98/人

行程中安排的购物店，请配合跟进团出。不强制购物，请本人理性消费，保留好票据。

以上行程可能会因天气、路况等原因做相应调整，敬请谅解！

费用说明

费用包含

住返交通
往返团队经济舱机票，燃油附加费（以实际收费标准为准）、机场建设费。

住 宿
行程所列酒店（入住酒店提供会房，温馨当天需要中午12:00点前退房）
温馨提示：1 行程所列酒店若双标，如有特殊要求请备注，预订将会尽量您安排；2.露次入住当天需蒙交500-1000元的押金，押金退房后如无其他消费将会全额退回。

用 餐
A餐不含：团队标准用餐，4早餐0正餐
中式餐或自助餐或特色餐，自由活动期间用餐请自理；如因自身原因放弃用餐，列餐费不退）

门 票
行程中所含的景点首道大门票（景区内小交通和景区内小景点门票，敬请自理）

其 他
AB线第四天：默认行程游所游船出海+一公里水推直升机，此天不安排导游，安排车接送酒店往返。

费用不包含

交 通
出发地至集合地的交通等举行行程安排行的交通
景区用车

产品升级
升级舱位、升级酒店、升级房型等产生的差价。

导 服
当地司机导游服务费120元/人服务费请于机场现付

单房差
个人全程单房差回程

个人消费
购物等个人消费以及因个人疏忽、违章或违法引起遂的经济损失或赔偿费用
当地司机或其他服人员小费、境外自愿的蹴交，不强制

行李费用
全程服务行李托运及超重费用：境外内险险行 李托运及超重 费用，建议提前向行网上购买，对比最优价

保 险
建议购买旅游人身意外保险、取消险

自费项目
行程中住明额要另行支付的自费服务点。

其 他
因交通延误、罢工、天气、飞机以火车机器故障、航班/车次取消或更改的原等不可抗力原因所引致的额外费用。
酒店内洗衣、理发、电话、传真、收费电视、饮品、报酬等个人消费。
当地参加的自费以及以上"费用包含"中"不包含"的其它项目。

儿童价说明

儿童价说明
团队中儿童价的价格为2-11周岁儿童不含床不含早餐的价格。如需占床，请在预订后续页面中选择儿童占床补差可选项；1位成人携带1位儿童出行，儿童如仍占床，请
选择推荐单或成人占床。12-18周岁必须占床，选择后台占床价格体系不可选择。—周岁（不含）

退改原则

儿童价说明

付款后订单立即生效，网程旅游会即站向旅游服务提供商预定商产品相关内容，若旅游者申请退改，已发生的必要费用由旅游者自行承担
旅游者在行程开始前如解除合同，旅行社有权扣除必要费用后，将余款退还旅游者。但最高额不应超过旅游费用总额
此规则不适用于大客户订单（自然人外的客户主体），大客户订单的退款规则以站际签订的旅游合同为准

出游须知

重要提醒

发现地点：目的地城市
出团方式：网络抽签发团
星西拼团：举行程年拼团

（展开）

预订须知

本预订须知仅为方便您咨询产品的基本信息，具体行程安排及权利义务事款以您与我司签订的旅游合同及出团通知书为准。
交通
1 请您在预订行程必提供准确、完整的信息（姓名、性别、证件号码、国籍、联系方式、是否成人或儿童等）以免产生预订锁误、影响出行，如因客人提供错误个人信息造成损
失，我司不承担任何责任。
2.如因路安全公司原因造成航班、机场临时关闭、天气原因、航空管制等不可控或其他不可抗力等导致航班车

（展开）

安全须知

海南出行须知
如需要乘坐机（车、船）票的温度无需注意，可选择、衣策或适当的，旅行社可协助旅游者，产生的实际损失，由旅游者承担。
1 因部分小孩会阶会优惠，因供体弱、军策、残疾、老人、软弱、学生等体感康证件的客人入住不享受门票或优惠。
3.如实填写当地《游客意见书》，游客的投诉诉求以在海南当地游客本行填写的意见书为主要依据。不得减或虚

（展开）

图8-43

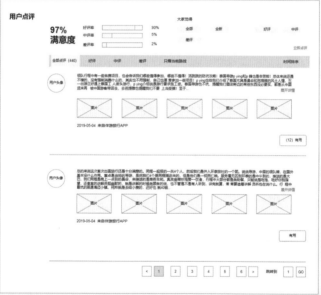

图8-44

对应的最终效果图如图8-45～图8-49所示。

其中"行程介绍"模块是用户必看的核心内容，会将每天的行程以图文的形式放置于此模块。左侧为当天具体的行程安排信息，将内容划分为"行程""酒店""餐食""景点"等，整体以竖向时间轴的形式进行展示；右侧以锚点菜单的形式展示具体某一天的行程信息，方便用户查看，如图8-50所示。

图 8-45

图 8-46

第3天 亚龙湾沙滩 -亚龙湾热带天堂森林公园
景点
亚龙湾
亚龙湾是一个半月形的海湾，绵延7公里，平缓而宽阔。这里的沙粒洁白细软，蔚蓝的海水清澈晶莹，能见度达9米。五颜六色的珊瑚礁和各种热带鱼儿穿梭其中，跃入海水中畅游，五彩缤纷的鱼儿似乎触手可及。这里终年可游泳，年平均海水温度22-25.1°C。凭借优越的沙质，亚龙湾被称为“东方夏威夷”，而它的海滩长度却是夏威夷的3倍。
景点
亚龙湾热带天堂森林公园（非诚勿扰Ⅱ拍摄地）
亚龙湾热带天堂森林公园是海南省一座滨海山地生态观光兼生态度假型森林公园。位于中国热带滨海城市海南省三亚市亚龙湾国家旅游度假区。是国际一流的滨海山地生态度假型森林公园，其生物、地理、天象、水文、人文资源丰富多彩，景观建设极尽生态自然，可开展登山探险、野外拓展、休闲观光、养生度假、科普教育、民俗文化体验等多种旅游活动。
“亚龙湾热带天堂”就是离城市非常近的天然森林氧吧，她与亚龙湾国家旅游度假区形成强烈的差异、互补和互动，是亚龙湾由滨海向山地、由海洋向森林、由平面向立体、由蓝色向绿色的重要延伸，使亚龙湾真正形成了大景区的概念，填补了三亚森林生态旅游的空白。
温馨提示
赠天堂森林观光车
酒店
参考酒店
用户详定
餐食
早餐：酒店内
中餐：自理
晚餐：自理
图 8–47

第4天 游艇出海3小时+直升机体验1公里“或0元换亚特兰蒂斯水世界”（可选项选择）
行程
默认行程为：豪华三层飞桥游艇 3 小时 + 罗宾逊直升机体验，如需换购成亚特兰蒂斯水世界一日游请在下单前点选可选项，旅程开启后不可在更改。（行程2选1）
景点
默认行程：进口游艇出海3小时
1、贵族飞桥游艇3小时激情出海
2、珊瑚礁潜水包含（氧气瓶、救生衣、潜水服、教练一对一）窥视海底秘密（约5-20分钟），（不含一次性咬嘴50元、全面镜150元及水下拍照等自费项目，拒绝自带咬嘴）;。
3、摩托艇体验激情与速度的碰撞（约2分钟）
4、海钓鱼竿、鱼饵、下一个兼子牙就是你（含鱼饵、渔具）
5、海面浮潜。
6、海上魔毯，享受阳光沐浴
7、炫酷海天飞龙 表演
8、畅游大海、与鱼共舞。俗称：游泳
9、免费提供生命的源泉“矿泉水”，免费提供欢迎饮料
10、免费提供当季时令水果果盘
11、游艇驾驶体验，让你当一次做船长的感觉
12、全程资深船长和水手为您提供贴心管家式服务
13、贴心提供出海保险
14、15秒360度精美小视频
年龄限制：60岁以上不能参加海上所包含的娱乐项目。
1、游艇出海后，因游客自身原因要求提前返航，费用不退;
2、如出海当天超过预定时间10分钟未到，视为自动放弃，费用不予退还
3、由于拼船产品船型不同，拼船类产品超5人（含）以上，不保证一定同船出海
景点
默认行程：直升机体验
出发体验一段令人兴奋的空中旅程【直升机观光】，打破常规观光方式，换个视角体验高空美景，享受辽阔新视界，俯瞰海岸美景，与直升机合影，拍炫爆朋友圈的美图大片;
图 8–48

图8-49

图8-50

"景点"区域采用图片在上、文字在下的排列方式,主要信息文字(如开放时间)要单独说明,以便用户注意,如图8-51所示。

景点 ● **蜈支洲岛**

①玩：上天入海，任我翱翔；岛上四周海域清澈透明，海水能见度6～27米，南部水域海底有着保护很好的珊瑚礁，是世界上为数不多的没有礁石或者鹅卵石混杂的海岛，海底珊瑚五彩斑斓，美丽的热带鱼四处游荡，这里是公认的中国潜海胜地；②景：前往曾经的贺岁喜剧《私人订制》外景拍摄地，重温电影画面；③情：情人桥，一吻定情，终成眷属；④拍：这里沙滩、阳光、蓝水，绿树构成一幅美丽的滨海风光，随手一拍都是天然无需滤镜的美照，朋友圈刷赞利器；④自由：在这里您可以体验与大海同步呼吸，私人定制看海时间，可以嗨玩一整天哦，感受前所未有的自由，把海看够玩够！
岛上娱乐项目活动丰富，有环岛电瓶车观光，还有丰富的水上活动，如潜水、拖伞、香蕉船、摩托艇、海钓等等，您可以选择自己感兴趣的项目参加（岛上消费，费用需要自理哦），也可以在海边享受日光浴，度过惬意的一天。

【蜈支洲上岛温馨提示】：活动时间含上下岛时间；

温馨提示
(1)蜈支洲岛需要坐船上岛，乘船时间约15分钟，请有序排队乘船。如果有晕船的游客可选择靠窗的位子，也可自备晕船药。
(2)玩海的游客请确认带好了泳衣、拖鞋、墨镜、遮阳帽、防晒霜等装备设备。
(3)岛上观光的景点较少，以自由活动为主，消费较陆地稍高，您可以自备些喜爱零食及水果等；本日中餐需要自理。

图8-51

为了统一网页风格，导航和页脚是不需要再次进行设计的，直接使用"伴游"网页端首页界面中的导航和页脚即可。

8.4 创意设计实践

（1）产品名称："博学苑"官网。

（2）创意设计任务：根据图8-52所示的"博学苑"官网新闻页界面的效果图，自主完成新闻页的设计与制作。设计要求如下。

① 版式布局：新闻页采用"T"房形布局方式，上方与左侧为新闻图片，右侧为新闻标题、内容、新闻发布的时间等。

② 界面特色：可以高亮显示每条新闻。

③ 功能设计：设计网页端新闻列表页界面与设计移动端新闻列表不同，网页端新闻列表页界面要有相应的翻页功能，在设计时要考虑翻页按钮的位置。

图8-52

8.5 项目小结

本项目详细介绍了常用网页界面的类型和常见的网页界面布局方式；通过对"伴游"网页端搜索列表页和详情页界面的设计与制作，帮助读者掌握网页端搜索列表页和详情页界面的设计方法和技巧。

课后大家可以登录UI设计学习网站，赏析优秀的网页端搜索列表页和详情页界面设计作品。

8.6 课后思考

（1）网页界面常见的布局方式有哪些？

（2）常用的网页界面类型有哪些？

09

项目9

设计"伴游"网页端个人中心订单页和下载页界面

▶ **知识目标**

- 了解网页界面设计规范
- 了解下载页的功能和常见下载方式

▶ **能力目标**

- 能够根据原型图进行网页端个人中心订单页界面的设计与制作
- 能够根据原型图进行网页端下载页界面的设计与制作

素养目标

- 培养学生的团队合作意识和敬业精神
- 培养学生勇于创新的精神

9.1 任务导入

　　个人中心订单页是在用户下单产品之后显示订单详细信息的页面。本项目将设计制作"伴游"网页端个人中心订单页界面，其效果图如图9-1所示。

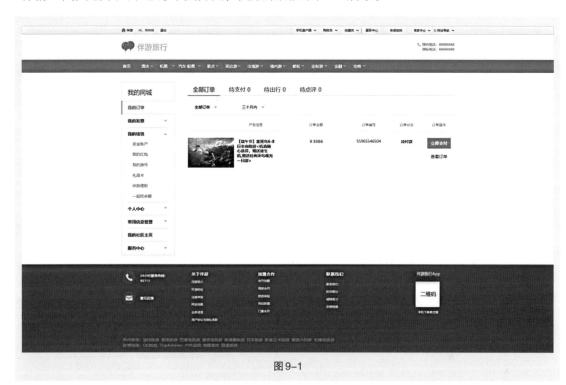

图9-1

　　此外，本项目还将在下载页界面中设计对"伴游"App的引流，即放置二维码并添加"伴游"App下载链接。其效果图如图9-2所示。

图9-2

9.2 相关知识

9.2.1 网页界面设计规范

在设计网页界面时，如果没有一套明确的设计规范，就容易出现各种视觉错误。制订设计规范不仅可以提高效率，更重要的是能够提高团队协作能力，并能让网页在不同平台上适配，打造统一的视觉效果，给用户带来良好的体验。

1. 尺寸规范

因为网页尺寸与用户屏幕的尺寸相关，而设备屏幕的种类与尺寸难以预先确认，所以在设计时只能顾及主流设备的屏幕尺寸，其他屏幕尺寸用适配的方式来处理。

Photoshop的Web预设尺寸如下：常见尺寸（1366px×768px）、大网页（1920px×1080px）、最小尺寸（1024px×768px）、Macbook Pro13（2560px×1600px）、MacBook Pro15（2880px×1800px）、iMac 27（2560px×1440px）等。

设计网页界面时建议按主流的分辨率1920px×1080px进行设计，如可以将网页界面宽度设置为1920px，高度设置为900px，如图9-3所示。

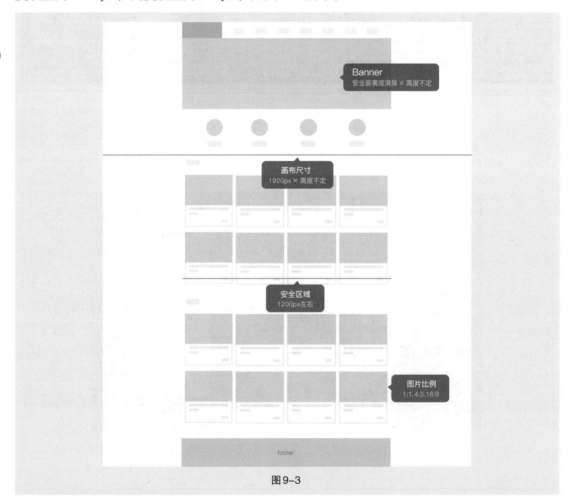

图9-3

2. 文字规范

网页界面中不同重要级别的信息对字号的要求不同，重要信息的字号较大，次要信息的字号较小。

网页界面中的文字一般不可以过大，文字字号范围一般为12 ~ 20px。奇数字号的文字在后续工作中处理起来比较麻烦，建议使用偶数字号来进行设计。

通常情况下，网页界面中的文字多使用宋体，字号为12px，无渲染方式，稍大一些的文字使用微软雅黑字体，字号为14 ~ 20px，渲染方式为 Windows LCD 或锐利；英文和数字使用 Arial 字体、无渲染方式，如图9-4所示。

图9-4

3. 图片规范

网页界面中图片的常用比例为4（宽）：3（高）、16（宽）：9（高）、1：1（等比例）。在进行 UI 设计时，虽然对图片大小没有固定的要求，但考虑到适配问题，图片的尺寸最好为整数和偶数。作为内容出现的图片一定要有介绍信息和排序信息。图片的格式有很多，如支持多级透明的 PNG 格式、文件较小的 JPG 格式、支持动画的 GIF 格式等。在保证图像清晰的前提下，文件越小越好。减小图片文件大小的方法如下。

（1）将图片在 Photoshop 中存储为 Web 所用格式的文件。

（2）使用 Tinypng、智图等工具再次压缩图片，这些工具会把图片中的多余信息删除而不损失图像质量。

（3）谷歌公司研发了一种 Webp 格式，该格式图片文件的大小大约只有 JPEG 格式图片文件的2/3，能节省大量的服务器宽带资源。

（4）将网页界面中使用的图片拼成一张 PNG 格式的大图，将显示区域移动到该图中的对应位置，这样每次要调用图片时都调用这张图片即可，就能较少地耗费服务器资源。

4. 按钮规范

按钮的风格在这十几年里发生了很大的变化，由早期的斜面与浮雕风格过渡到后面的拟物风格，目前较流行的是扁平化风格，如图9-5所示。在设计按钮时应同时设计好按钮的鼠标指针悬停、按下状态。

图 9-5

5. 表单规范

在网页界面中经常需要使用输入框、下拉菜单、弹窗、单选按钮、复选框、编辑器等控件。这些都是系统级的控件，一般是直接从系统中调用的。但是这些系统控件有时不能满足实际要求，例如系统内置的表单高度不够，单击起来不方便；系统控件不符合网页界面整体的氛围等。这时可以通过 CSS 给它们设置样式，包括颜色、大小、内外边距等。篇幅所限，此处不再详叙，感兴趣的读者可以参考 CSS 相关图书。

9.2.2 了解下载页

下载页是在网页端产品中宣传移动端 App 的必备页面。如果对下载页设计的重视度不够，可能会影响用户在下载页的体验。只需梳理并完善下载页的操作流程就能改善用户在下载产品过程中的体验感，同时能进一步提高产品经理的流程化意识。

1. 下载页的功能

下载页是提供用户下载 App 的页面。根据漏斗模型可知，从用户开始了解产品到查看产品介绍，再到下载产品，最后到开始使用产品，用户数量将会呈漏斗状减少。下载页是一个非常重要的过渡页，其设计是否美观，下载流程是否顺畅都关系到用户是否会继续使用产品。在下载页中应尽可能地减少用户的操作步骤。

2. 常见下载方式

设计下载页界面之前，首先要清楚用户是通过什么方式进入下载页的，用户所使用的访问方式（工具）是什么，其手机系统是 iOS 还是 Android。

用户进入下载页的常见方式主要分为两类。

（1）直接访问下载页。用户从首页或其他页面跳转到下载页。

（2）扫描二维码。下载页的链接可生成二维码并置于网页、文章中。用户可直接用微信或浏览器扫描二维码进入下载页。

当前主流的手机操作系统为 iOS 与 Android，两者在下载方式上有着较大的区别：在 iOS 中可以通过 App Store 下载 App；在 Android 系统中可以通过直接下载 APK，也可以通过应用市场下载并安装App。

3. 设计下载页的原则

（1）尽可能减少跳转与用户点击的次数。

通常情况下，用户点击的次数越多或跳转次数越多，用户的体验感就越差，页面跳出率就越高。

（2）展示给用户的逻辑要尽可能简单。

下载流程要尽量简单，减少用户的操作，而背后可能存在的复杂的判断问题则留给后台来解决。

9.3 任务实施

9.3.1 网页端个人中心订单页界面设计思路解析

"伴游"网页端个人中心订单页界面原型图如图9-6所示。

图9-6

对原型图分析可知，个人中心订单页界面左侧采用竖向切换栏进行内容展示，右侧的订单内容往往采用横向表格进行展示，方便、直观。在左侧选择"我的订单"，右侧会显示"全部订单""待支付""待出行""待点评"等内容。

9.3.2　网页端个人中心订单页界面的设计与制作

微课

网页端个人中心订单页界面的设计与制作

"伴游"网页端个人中心订单页界面实现过程如下。

（1）制作子导航目录。

子导航目录为竖向下拉菜单，如图9-7所示。

图9-7

子导航目录的背景边框有宽1px的描边，具体设置如图9-8所示。注意对文字颜色、大小的设计，不同颜色和大小的文字可以区分不同级别的信息。注意每个字段的间距，所有字段左对齐，并与边缘保持一定的距离。

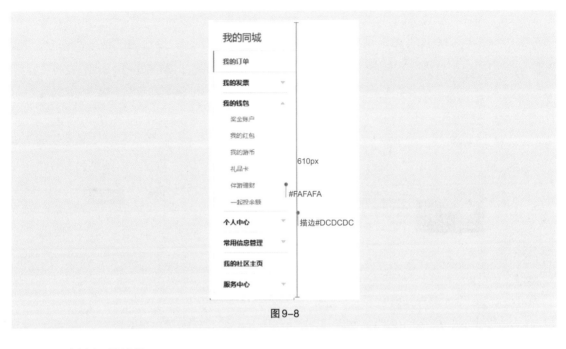

图9-8

（2）制定订单模块。

当鼠标指针移至"我的订单"上时，应出现对应的订单信息。子菜单字号为14px，颜色为#807D7D；同样需要注意设置字间距，还要注意每个目录之间的分割线与背景框居中。具体设置如图9-9所示。

175

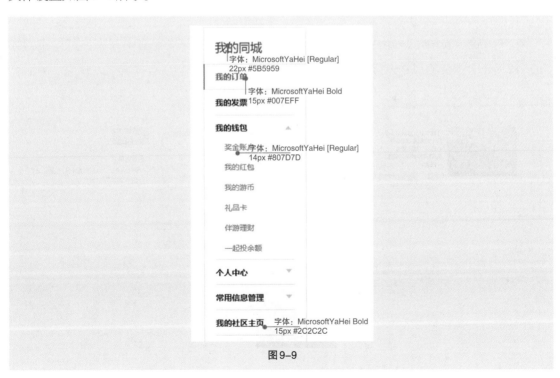

图9-9

当前选择的是"我的订单"选项，所以其背景跟右侧内容的背景一致，均为白色。文字左侧加了蓝色（#007EFF）条进行标记。右边分为"全部订单""待支付""待出行""待点评"4个模块。"全部订单"下又分了查看全部订单和展示近三个月内的订单两部分，"全部订单"和"三个月内"右侧的三角形图标指向下方的商品栏，如图9-10所示。

图9-10

具体设置如图9-11所示。

图9-11

（3）制作产品展示模块。

在产品展示模块下，要注意对文字的设计，标题与下方文字居中对齐，具体设置如图9-12所示。图片的尺寸设置如图9-13所示。

图9-12

图9-13

9.3.3　网页端下载页界面设计思路解析

"伴游"网页端下载页界面原型图如图9-14所示。设计下载页界面时要注意两种设备的下载方式不同，对应的设计效果也应不同。在下载页界面中还要加入广告语，以加深用户的印象。

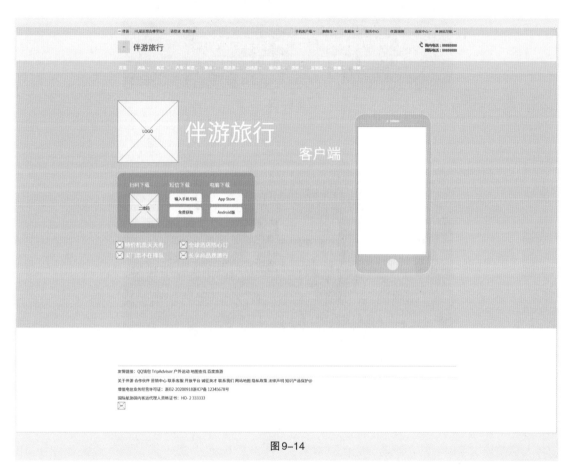

图9-14

9.3.4　网页端下载页界面的设计与制作

"伴游"网页端下载页界面实现步骤如下。

（1）制作Banner。

Banner的高度一般为350 ~ 450px。在Banner上设计一个供用户下载App的模块，提供了3种下载方式，如图9-15所示。

（2）制作背景框。

背景框是透明的，这样可以区分背景和文字，具体设置如图9-16所示。

微课

网页端下载页界面的设计与制作

图9-15

图9-16

模块内容要与背景框保持一定距离，具体设置如图9-17所示。下侧采用"图标+文字"的形式简单介绍"伴游"App的特色，注意图标大小要一致，具体设置如图9-18所示。

图9-17

图9-18

（3）在Banner上方添加"伴游"App的Logo，右侧放置显示引导页的样机，效果如图9-19所示。

图9-19

（4）页脚的具体设置如图9-20所示。

图9-20

至此，下载页界面制作完成。

9.4 创意设计实践

（1）产品名称："博学苑"官网。

（2）创意设计任务：参考如图9-21所示的"博学苑"官网下载页界面效果图，自主完成下载页界面的设计与制作。设计要求如下。

图9-21

① 界面设计：采取一屏展示的形式来进行设计，方便用户阅读和下载。

② 背景设计：背景采用摄影图片或高清视频。

③ 图文混排：采取左文右图的展示形式。

④ 其他设计：下载页支持Android和iOS两种系统，用户可自行选择。

9.5 项目小结

本项目详细介绍了网页界面设计的规范，包括文字规范、图片规范、按钮规范、表单规范等知识；通过对"伴游"网页端个人中心订单页和下载页界面的设计与制作，帮助读者掌握网页端个人中心订单页和下载页界面的设计方法与技巧。

课后大家可以登录UI设计学习网站，赏析优秀的网页端个人中心订单页和下载页界面设计作品。

9.6 课后思考

网页界面设计规范有哪些？